短视频创作

**视频拍摄与运镜、设备选择与操作、
镜头美感与设计、内容策划与运营**

徐利丽　编著

人民邮电出版社
北京

图书在版编目（CIP）数据

短视频创作：视频拍摄与运镜、设备选择与操作、镜头美感与设计、内容策划与运营 / 徐利丽编著. -- 北京：人民邮电出版社，2023.12
ISBN 978-7-115-62083-5

Ⅰ. ①短… Ⅱ. ①徐… Ⅲ. ①视频制作 Ⅳ. ①TN948.4

中国国家版本馆CIP数据核字(2023)第119672号

内 容 提 要

本书一共 10 章，可划分为五个部分：第一部分为第 1~4 章，介绍了拍摄短视频前需熟悉的视频相关内容，如视听语言与视频基本概念、手机拍摄短视频的设置与操作、短视频的拍摄设备，以及提升视频表现力的技巧；第二部分为第 5 章，讲解了短视频画面的构图、景别、用光与色彩方面的理论知识；第三部分为第 6~7 章，首先讲解了短视频分镜头设计、故事画板、场景，以及服装和道具的选择等，然后讲解运动镜头以及镜头组接等方面的知识；第四部分为第 8~9 章，在帮助读者了解短视频的兴起及发展趋势后，讲解短视频策划与构思方面的内容；第五部分为第 10 章，讲解全平台短视频运营与变现的方式。

本书内容全面、翔实，包含了大量专业且实用的短视频制作方面的知识，是一本不可多得的短视频创作教程，适合对短视频感兴趣的内容创作者，以及想要提升短视频质量、吸引更多粉丝关注的"up 主"/博主阅读。对于想要通过短视频营销的商家店铺，本书也有一定的参考价值。

◆ 编　著　徐利丽
责任编辑　胡　岩
责任印制　陈　犇

◆ 人民邮电出版社出版发行　北京市丰台区成寿寺路 11 号
邮编　100164　电子邮件　315@ptpress.com.cn
网址　https://www.ptpress.com.cn
雅迪云印（天津）科技有限公司印刷

◆ 开本：700×1000　1/16
印张：13.5　　　　　　　　　　2023 年 12 月第 1 版
字数：235 千字　　　　　　　　2023 年 12 月天津第 1 次印刷

定价：79.80 元

读者服务热线：(010)81055296　印装质量热线：(010)81055316
反盗版热线：(010)81055315
广告经营许可证：京东市监广登字 20170147 号

人人都可以拍摄短视频，但不代表人人都能够拍好短视频。短视频具备了几乎所有传统视频的特点，是一种对创作者综合素质要求很高的视听艺术。

可能很多初学者认为有一部高像素或高视频性能的手机，就可以拍出好的短视频，但实际上还差得很远。短视频创作，本质上需要创作者掌握足够多的基本概念，如帧、分辨率、视频格式等；还需要创作者有一定的摄影基础，比如不同的构图技巧、用光和色彩的技巧等；最后还需要创作者掌握运镜技术，以及镜头组接方面的理论与经验。如果创作者还没有掌握上述知识、技巧与经验，是很难拍摄出优质短视频的。

并且，这里还要说明，即使创作者能制作优质短视频，也无法保证在自媒体平台获得高关注度。当前是移动互联网时代，社交自媒体技术、理念更迭得非常快，所以短视频创作者需要掌握一定的内容策划、账号运营知识。

本书对短视频创作后续剪辑的内容没有过多讲解，而是首先讲解拍摄短视频的一些基本概念，以及拍摄软件、硬件和附件等知识；其次，讲解构图、用光与色彩方面的知识；再次，讲解分镜头脚本、镜头组接、故事画板等知识；然后讲解短视频策划与构思方面的知识；最后讲解在短视频平台变现的一些技巧。

由于当前自媒体平台的各种数据、技术、理念更迭得非常快，所以书中难免存在一些疏漏，敬请广大读者谅解！

编著者

资源下载说明

本书附赠部分案例的演示视频，扫码添加企业微信，回复本书51页左下角的五位数字，即可获得配套资源的下载链接。资源下载过程中如遇到困难，可联系客服解决。

CONTENTS 目　录

第1章 视听语言与视频基本概念

本章重点讲解视听语言与视频基本概念。短视频是视频的一种形式，所以本章会介绍一些视频的构成元素、理论与基本概念。掌握这些基本概念，会对后续的视频拍摄及制作有很大的帮助。

1.1 视听语言

简单来说，视听语言就是利用视听组合的方式向受众传达某种信息的一种感性语言。

视听语言主要包括三个部分：影像、声音、剪辑。三者关系明确，将影像、声音通过剪辑，构成一部完整的视频作品。

视听语言被称为20世纪以来的主导性语言，是构成影像作品的重要元素，是以影像和声音为载体来传达人们意图和思想的语言，是用画面和声音来表意和叙事的语言形式。它包括景别、镜头与运动、拍摄角度、光线、色彩和各种声音等。

从大的方面来分，视听语言可以划分为视觉元素（视元素）和听觉元素（听元素）。

视觉元素主要由画面的景别、色彩效果、明暗影调和线条空间等形象元素构成，听觉元素主要由画外音、环境音、主题音乐等构成。两者只有高度协调、有机配合，才能展示出真实、自然的时空结构，才能产生立体、完整的感官效果，才能成为好的作品。

从下面的短视频剪辑界面中，可以看到视频轨道、背景音乐轨道、音效轨道等。

借助剪辑软件将影像、声音进行组合，传达作者想要表达的内容

大电影

传统意义上的电影，是指影院及电视台播放的具有较长时长的大电影。当今的大电影，作品时长大多为 90 分钟~120 分钟。

1895 年 12 月 28 日，在巴黎卡普辛路 14 号咖啡馆的地下室里，卢米埃尔兄弟首次在银幕上为观众放映了他们拍摄的影片，这一天也成为电影的诞生日。

电影艺术包括科学技术、文学艺术和哲学思想等诸多内容，影响着全世界的人，成了人类历史上最为宏大的艺术门类之一。

传统电影画面

微电影

现代大电影的成长过程中，微电影（电影短片）的身影一直出现。由于投入产出比等各种因素，微电影一直未能成为电影的主流形态。

从概念上来说，微电影是指能够通过互联网新媒体平台传播的影片（几分钟到几十分钟），适合在移动状态和短时休闲状态下观看。一般来说，微电影具有故事情节完整、制作成本相对较低、制作周期较短的特点。

互联网的出现，真正开启了数字化时代，为人们提供了互动交流的平台，打开了信息传播的自由空间。2000 年之后，全球互联网的迅速普及尤其是移动互联网的发展，让每个人可以随时随地、随心地获取信息和交流互动。信息越来越碎片化，媒介越来越分散化，人人都是媒体，人人都在传播，这已逐渐成为一种新的生活方式。微电影在这个时期脱颖而出，因为其"微时间、微内容、微制作"的优势，符合移动互联网时代大众的生活需要。

微电影的内容融合了幽默搞怪、时尚潮流、公益教育、商业定制等主题，可以单独成篇，也可系列成剧。

短视频

短视频即短片视频，是一种互联网内容传播方式，一般是在互联网新媒体平台上传播的时长在 30 分钟以内的视频。

不同于微电影，短视频具有生产流程简单、制作门槛低、参与性强等特点，比直播更具有传播价值。其短的制作周期和趣味化的内容对短视频制作团队的文案以及策划功底有一定的要求。优秀的短视频制作团队通常依托于成熟运营的自媒体账号或 IP，除了需要高频稳定地输出内容外，也需要强大的粉丝渠道。短视频的出现丰富了新媒体原生广告的形式。

从内容上来看，短视频具备一般长视频的大多数属性，其内容包括技能分享、幽默搞怪、时尚潮流、社会热点、街头采访、公益教育、广告创意、商业定制等主题。由于内容较短，其可以单独成片，也可以成为系列栏目。

| 剧情类短视频 | 风光类短视频 | "鸡汤"类短视频 |

从短视频的制作角度来看，团队配置可以简化，可以没有专业化的团队和精细的分工，导演、制片人、摄影师等角色可以集合到一个人身上。短视频不但制作团队可以简化，还可以做到零准入门槛，每个普通人都可以制作短视频。

当然，需要注意的是，业余的团队和技术能力不足的短视频制作者，很难得到较多的关注和经济收入。

1.2 视频制作团队

大电影、微电影，以及部分短视频都是团队工作的成果，不同部门和工种相互配合才能完成或是才能有更好的表达效果；而 Vlog 及另外一些短视频的制作则可能没有过多工种的参与，拍摄、剪辑可能均由创作者一人完成。

下面根据专业大电影或微电影的制作团队分工，介绍视频制作团队成员的分工及职责。当然，除这些分工之外，还有场务、后勤等很多岗位，这里就不赘述了。

专业影视作品拍摄现场

（1）监制：维护、监控剧本原貌和风格。

（2）制片人：搭建并管理整个影片制作组。

（3）编剧：完成电影剧本，协助导演完成分镜头剧本。

（4）导演：负责作品的人物构思，决定演员人选，等等。

（5）副导演：协助导演处理事务 。

（6）演员或者主持人：根据导演及剧本的要求，完成角色的表演。

（7）摄影摄像：根据导演要求完成现场拍摄。

摄像工作照

（8）灯光：按照导演和摄影的要求布置现场灯光。

室内的布光

（9）场记场务：负责现场记录和维护片场秩序，提供物品和后勤服务等。

（10）录音：根据导演要求完成现场录音。

（11）美术布景：负责布置剧本和导演要求的道具、场景。

（12）化妆造型：按照导演要求给演员化妆造型、设计服装。

（13）音乐作曲：为影片编配合适的音乐。

（14）剪辑后期：根据导演和摄影要求，对影片进行剪辑组合和片头、片尾等制作。

专业剪辑师的工作台

上述众多分工当中，最重要的角色是导演——一部影视作品的灵魂人物。其他各职务虽然有明确分工，但都是以导演为中心相互紧密配合、共同创作的。

1.3 视频概念

帧、帧频与扫描方式

在描述视频属性时，我们经常会看到 1080i/50Hz 或是 1080p/50Hz 这样的参数。

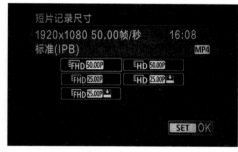
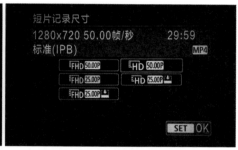

短片记录尺寸设定：界面 1　　　　　　短片记录尺寸设定：界面 2

首先这里明确一个原理，即视频是一幅幅连续运动的静态图像，持续、快速显示，最终以视频的方式呈现。

视频图像实现传播的基础是人眼的视觉残留特性。每秒连续显示 24 幅以上的不同静态画面时，人眼就会感觉图像是连续运动的，而不会认为它们是一幅幅静止的画面。因此从再现活动图像的角度来说，图像的刷新率必须达到 24Hz 以上。这里，一幅静态画面称为一帧画面，24Hz 对应的是帧频，即一秒显示 24 帧画面。

24Hz 是能够流畅显示视频的最低值，实际上，帧频要达到 50Hz 以上才能消除视频画面的闪烁感，此时视频显示的效果会非常流畅、细腻。所以，当前我们看到很多摄像设备具备 60Hz、120Hz 等超高帧频的参数性能。

60Hz 的视频画面截图，可以看到截图比较清晰

24Hz 的视频画面截图，可以看到截图不太清晰

　　在视频性能参数中，i 与 p 代表的是视频的扫描方式。其中，i 是 Interlaced 的首字母，表示隔行扫描；p 是 Progressive 的首字母，表示逐行扫描。多年以来，广播电视行业采用的是隔行扫描，而计算机显示、图形处理和数字电影则采用逐行扫描。

　　构成影像的基本单位是像素，但在传输时并不以像素为单位，而是将像素串成一条条的水平线进行传输，这便是视频信号传输的扫描方式。1080 表示将画面由上向下分为 1080 条由像素构成的线。

　　逐行扫描是指同时将 1080 条扫描线进行传输。隔行扫描则是指把一帧画面分成两组，一组是奇数扫描线，一组是偶数扫描线，分别传输。

　　相同帧频条件下，逐行扫描的视频，画质更高，但传输视频信号需要的信道宽，所以在视频画质下降不是太多的前提下，宜采用隔行扫描的方式，一次传输一半的画面信息。与逐行扫描相比，隔行扫描节省了传输带宽，但也带来了一些负面影响。由于一帧是由两场扫描交错构成的，因此隔行扫描的垂直清晰度比逐行扫描低一些。

视频画面截图

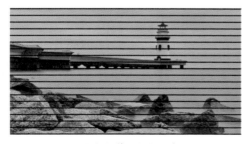

逐行扫描第一组扫描线

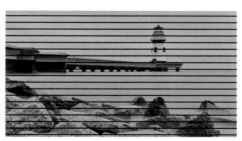

逐行扫描第二组扫描线

分辨率

分辨率，也常被称为图像的尺寸和大小，指一帧图像包含的像素多少。它直接影响了图像大小：分辨率越高，图像越大；分辨率越低，图像越小。

常见的分辨率如下。

4K：4096 像素 ×2160 像素，超高清。

2K：2048 像素 ×1080 像素，超高清。

1080p：1920 像素 ×1080 像素，全高清（1080i 是经过压缩的）。

720p：1280 像素 ×720 像素，高清。

通常情况下，4K 和 2K 常用于计算机剪辑；而 1080p 和 720p 常用于手机剪辑。1080p 和 720p 的使用频率较高，因为其容量会小一些，手机编辑起来会更加轻松。

4K 分辨率的视频画面清晰度较高

720p 分辨率的视频画面清晰度不太理想

码率

码率，全称 Bits Per Second，指每秒传送的数据位数，通俗一点理解就是取样率，常见单位有千位每秒和兆位每秒。码率越大，单位时间内取样率越大，数据流精度就越高，视频画面就越清晰，画面质量也越高。

小贴士

码率影响视频的体积，帧频影响视频的流畅度，分辨率影响视频的大小和清晰度。

视频格式

视频格式是指视频保存的格式，用于把视频和音频放在一个文件中，以方便同时播放。常见的视频格式有 MP4、MOV、AVI、MKV、FLV/F4V、WMV、RealVideo 等。

这些不同的视频格式，有些适合于网络播放及传输，有些适合在本地设备当中以特定的播放器进行播放。

1. MP4

MP4 是一种使用 MPEG-4 编码的非常流行的视频格式，许多电影、电视视频格式都是 MP4。MP4 格式的特点是压缩效率高，能够以较小的体积呈现出较高的画质。

MP4 格式视频的大致信息

2. MOV

MOV 格式是由苹果公司开发的一种音频、视频文件格式，也就是平时所说的 QuickTime 影片格式，常用于存储音频和视频等数字媒体类型。

很长一段时间里，它的优点是影片质量出色，数据传输快，适合视频剪辑制作；缺点是文件较大。随着技术的不断发展，MOV 格式目前整体的画质与压缩效率已经接近 MP4 格式，只是普及度不如 MP4 高。

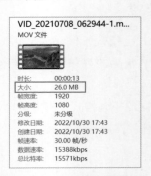

13 秒时长的 MP4 格式文件大小　　　13 秒时长的 MOV 格式文件大小

3. AVI

AVI 格式是由微软公司在 1992 年发布的视频格式，是 Audio Video Interleaved 的缩写，意为音频视频交错，是最悠久的视频格式之一。

AVI 格式调用方便、图像质量好，但体积往往会比较庞大，并且有时候兼容性较差，有些播放器无法播放。

4. MKV

MKV 格式是一种多媒体封装格式，有容错性强、支持封装多重字幕、可变帧速、兼容性强等特点，是一种开放的、标准的、自由的容器和文件格式。

从某种意义上来说，MKV 只是个壳子，它本身不编码任何视频、音频等，但它足够标准、足够开放，可以把其他视频格式的特点都装到自己的壳子里，所以它本身没有什么画质、音质等优势可言。

5. FLV/F4V

FLV 是 FLASH VIDEO 的简称，FLV 格式是一种新的视频格式，其实就是曾经非常火的 flash 文件格式。它的优点是视频体积非常小，所以特别适合在网络播放及传输。

F4V 格式是继 FLV 格式之后，Adobe 公司推出的支持 H.264 编码的流媒体格式，F4V 格式比 FLV 格式的视频画质更加清晰。

MKV 格式视频的大致信息

FLV 格式视频的大致信息

6. WMV

WMV（Windows Media Video）格式，是一种数字视频压缩格式。它是由微软公司开发的一种流媒体格式，主要特征是同时适合本地或网络播放、支持多语言、扩展性强等。

WMV 格式显著的优势是在同等视频质量下，WMV 格式的文件可以边下载边播放，因此很适合在网上播放和传输。

7. RealVideo

RealVideo 格式是由 RealNetworks 公司开发的一种高压缩比的视频格式，扩展名有 RA、RM、RAM、RMVB。

RealVideo 格式主要用来在低速率的广域网上实时传输视频影像。用户可以根据网络数据传输速率的不同而采用不同的压缩比率，从而实现影像数据的实时传送和实时播放。

RMVB 格式视频的大致信息

8. ASF

ASF 是 Advanced Streaming Format 的缩写，意为高级串流格式，是微软公司为了与 RealNetworks 公司的 RealVideo 格式竞争而推出的一种可以直接在网上观看视频的文件压缩格式。ASF 使用了 MPEG-4 的压缩算法，压缩率和图像的品质效果都不错。

视频编码

视频编码是指对视频进行压缩或解压的方式，或者是对视频格式进行转换的方式。

压缩视频体积，必然会导致数据的损失，在损失最少数据的前提下尽量压缩视频体积,是视频编码的第一个研究方向;第二个研究方向是通过特定的编码方式,将一种视频格式转换为另外一种格式,如将 AVI 格式转换为 MP4 格式等。

视频编码主要有两大类:MPEG 系列和 H.26X 系列。

1. MPEG 系列(由国际标准组织机构下属的运动图像专家组开发)

(1)MPEG-1 第二部分,主要应用于 VCD,也可应用于在线视频。该编解码器的体积大致上和原有的 VHS 相当。

(2)MPEG-2 第二部分,等同于 H.262,主要应用于 DVD、SVCD 和大多数数字视频广播系统和有线分布系统中。

(3)MPEG-4 第二部分,可以应用于网络传输、广播和媒体存储。相比于MPEG-2 和第一版的 H.263,它的压缩性能有所提高。

(4)MPEG-4 第十部分,技术上和 H.264 是相同的标准,有时候也被称作"AVC"。在运动图像专家组与国际电信联盟合作后,诞生了 H.264/AVC 标准。

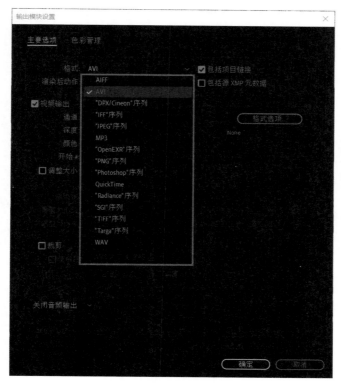

编码格式设置界面

2. H.26X 系列（由国际电信联盟主导）

（1）H.261，主要在老的视频会议和视频电话产品中使用。

（2）H.263，主要用在视频会议、视频电话和网络视频中。

（3）H.264，是一种视频压缩标准，一种被广泛使用的高精度视频录制、压缩和发布格式。

（4）H.265，是一种视频压缩标准。其不仅可提升图像质量，同时还可达到 H.264 格式的两倍压缩率，可支持 4K 分辨率，最高分辨率可达到 8192 像素 ×4320 像素（8K 分辨率），这是目前的发展趋势。

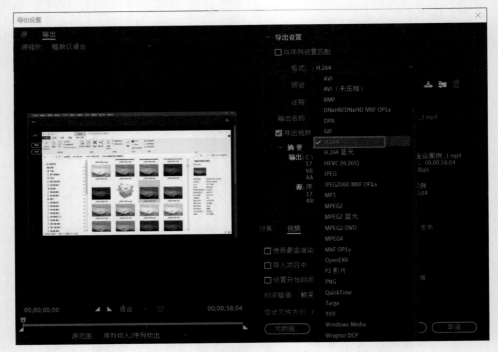

设置 H.264 视频编码格式

视频流

我们经常会听到"H.264 码流""解码流""原始流""YUV 流""编码流""压缩流""未压缩流"等叫法，实际这是区别视频流是否经过压缩的称呼。

视频流大致可以分为两种，即经过压缩的视频流和未经压缩的视频流。

1. 经过压缩的视频流

经过压缩的视频流也被称为"编码流"，目前以 H.264 为主，因此也称为"H.264 码流"。

2. 未经压缩的视频流

未经压缩的视频流也就是解码后的流数据，称为"原始流"，也常常称为"YUV 流"。

从"H.264 码流"到"YUV 流"的过程称为解码，反之称为编码。

第 **2** 章　手机拍摄短视频的设置与操作

在介绍视频拍摄之前，需要对手机进行相关设定。通过本章的学习，读者需要掌握控制虚实和明暗的方法，这主要通过对焦和测光来实现。

2.1　手机拍摄视频的设置

灯光设置

在用手机拍摄视频时，屏幕上闪光灯状的图标，对应的并不是瞬间发光的闪光灯，而是照明灯。在拍摄一些比较暗的场景时，开启照明灯可以对场景进行补光，得到更理想的效果。

拍摄比较光滑的玻璃、金属等对象时，则不适合开启照明灯，因为它会导致拍摄的视频中出现明显的光斑。

因此，要根据实际情况来判断是否开启照明灯，大部分情况下是不必开启的。

可以看到，开启照明灯后，画面中间的玻璃上出现了一个明显的光斑，破坏了画面效果。

| 未开启照明灯的拍摄界面 | 进入灯光设置界面 | 开启照明灯后的拍摄界面 |

视频与通用设置

在拍摄之前，我们应该根据短视频的要求，对分辨率与视频格式进行设置。

首先来看视频分辨率的设置。在视频拍摄界面，点击右上角的设置按钮。进入设置界面，点击"视频分辨率"选项，进入视频分辨率设置界面。可以看到这款手机有【16：9】4K、【全屏】1080p、【16：9】1080p 以及【21：9】1080p 等选项。

大部分情况下，我们将分辨率设置为默认的【16：9】1080p 即可。如果对视频的分辨率要求非常高，可以考虑设置为 4K 分辨率；如果对视频的分辨率要求不高，可以选择 720p 的分辨率。

选 4K 分辨率后，下方有明显的提示：不能使用特效、美肤、滤镜效果。

其次进行视频帧率的设置。点击"视频帧率"选项，进入视频帧率设置界面，有 30fps 和 60fps 两种，分别代表每秒 30 帧画面和每秒 60 帧画面。30fps 能保证视频的流畅度，60fps 则可以保证画面播放平滑、细腻，画质更好。

设置界面

视频分辨率设置界面

视频帧率设置界面

开启参考线

开启参考线后的拍摄界面

然后设置参考线。开启参考线之后，回到视频拍摄界面，可以看到画面中出现了九宫格，其能够帮助我们进行构图，并在一定程度上方便我们观察画面的水平和竖直。

接着设置水平仪。开启水平仪后，在拍摄视频时，画面中会出现水平仪标记。如果画面水平，那么拍摄界面中间圆圈之内的线是连起来的；如果画面倾斜，中间的横线是不相连的。

开启水平仪　　　　　画面水平的显示状态　　　　画面倾斜的显示状态

最后可以设置定时拍摄。点击"定时拍摄"选项，进入定时拍摄设置界面。在视频自拍时，可以将手机放到三脚架等固定设备上，之后设置定时拍摄（有 2 秒、5 秒和 10 秒三个选项），待摆好姿势之后再开始拍摄。

设置界面　　　　　　　定时拍摄设置界面

滤镜：拍摄出不同的色彩风格

在拍摄时点击界面上方的滤镜图标，进入滤镜设置界面。在拍摄界面下方可以看到不同的滤镜，例如 AI 色彩、人像虚化等。这里随便选择了一种滤镜，可以看到画面的色彩和影调都发生了较大变化。

拍摄人物时，使用滤镜的效果会更好一些。

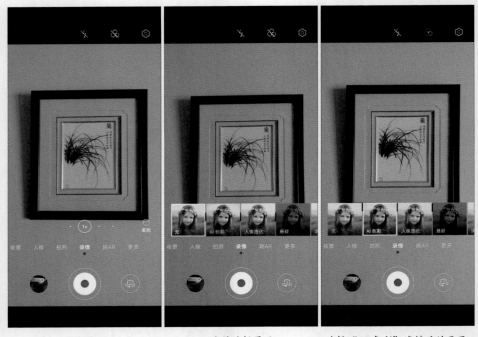

拍摄界面	滤镜选择界面	选择"AI 色彩"滤镜后的画面

首先我们可以看到，选择"AI 色彩"滤镜，画面发生了变化。然后再选择"人像虚化"滤镜，人像周边的环境被虚化，但是这种虚化效果的边缘的过渡不那么理想。

点击滤镜图标　　　　　选择"AI 色彩"滤镜　　　　选择"人像虚化"滤镜

接下来再看看其他滤镜，如怀旧、悬疑、清新等。

如果后续还要对视频进行剪辑及效果制作，则不建议套用滤镜。

选择"怀旧"滤镜　　　　　选择"悬疑"滤镜　　　　选择"清新"滤镜

磨皮：让人物皮肤光滑白皙

磨皮图标在视频拍摄界面右下角。磨皮主要在拍摄人物时使用。因为一般来说，拍摄没有化妆或打粉底的人物，其面部瑕疵会特别明显，开启磨皮功能后，人物的皮肤就会变得白皙、光滑。

点击磨皮图标后可以看到，在拍摄人物时，人物面部有磨皮效果，关掉磨皮后，人物面部明显变得粗糙。如果将磨皮效果开到最强，人物的皮肤会显得非常光滑，但皮肤的质感会丢失。所以在使用磨皮功能时，要注意度的问题。

默认的磨皮效果　　　　　　　关闭磨皮效果　　　　　　　最强磨皮效果

色调风格：设定画面色感

有些手机还有风格设定的功能，在拍摄界面上方中间位置，有色调风格图标。点击色调风格图标，可以设定标准、鲜艳、柔和三种色调风格。标准色调风格属于比较适中的效果，而鲜艳色调风格则是非常浓郁的，柔和色调风格的画面效果更柔和、平滑。

点击色调风格图标　　　　　　　鲜艳色调风格　　　　　　　　柔和色调风格

2.2　自动模式下的拍摄操作

手机自动测光设置明暗

　　相较于之前的设置，视频明暗与清晰度设置更重要。与拍摄照片一样，在拍摄视频时，如果对焦的位置不合理，那么画面给人的感觉就会很模糊。这时可以手动点击想要对焦的位置，完成对焦。

　　对手机来说，对焦点即测光点。也就是说，我们点击一下屏幕的某个位置，不但可以对焦，还可以提高亮度。

　　如果点击一个非常明亮的位置，那么手机会认为拍摄的环境亮度非常高，就会自动降低曝光值，那么视频画面就会变暗；如果点击一个偏暗的位置，那么手机会认为拍摄的环境比较暗，会自动提高曝光值，最终拍摄出来的画面就会偏亮。

点击屏幕完成测光　　　　　　点击亮处的效果　　　　　　点击暗处的效果

手动设置画面明暗

除了用手机根据测光点自动测定画面的明暗（不选择测光点时手机会自动判定）之外，我们还可以人为设置曝光补偿（单位是 EV），改变曝光值。

比如点击画面中某个位置，测光完成之后，点住对焦点一侧的小太阳图标，向下拖动（-0.5EV），可以降低画面的曝光值，画面会明显变暗；向上拖动（+0.8EV）则会提高曝光值，画面明显变亮。

设置好之后，手机就会以最终设置的曝光值进行拍摄。

用对焦点控制画面虚实

可以看到，天空是虚化的，为了让上方的植物变得清晰，点击上方的树叶，可以看到植物变得清晰了，这是对焦点的使用方法。需要哪个位置清晰，点击哪个位置即可。

降低 0.5EV 曝光补偿　　　　增加 0.8EV 曝光补偿　　　　设置曝光补偿后的拍摄画面

　　需要注意的是，点击对焦位置后，测光点会同时变化，画面明暗也会变化，这时需要重新手动设置曝光补偿来改变画面明暗。

没有完成对焦的效果　　　　　　　　完成对焦的效果

第 **3** 章　短视频的拍摄设备

　　在创作短视频的过程中，常见的拍摄设备有手机、相机、无人机等，以及这些拍摄设备的配件，例如三脚架、补光灯、稳定器等。本章将介绍短视频拍摄中会用到的几种主流拍摄设备、配件和道具，帮助大家选择适合自己的拍摄设备，拍出属于自己的短视频大片。

3.1　手机及其配件

　　如果刚接触短视频拍摄，资金有限，对视频画质要求不高，不建议购买专业的相机。现在手机的摄像功能非常丰富，完全能够满足拍摄短视频的需求。只需要一部手机＋一台稳定器，就可以开始拍摄短视频了。重要的是，手机非常轻便，可以让我们"走到哪拍到哪"，随时随地记录生活的每一个精彩瞬间。

　　或许有人会说，自己没学过专业的视频拍摄，也不懂转场和配乐，更不会剪辑，根本拍不了好看的视频。其实，短视频拍摄并没有想象的那么难。

　　有些酷炫的视频看起来很难拍摄，其实操作起来并不复杂。为了让大家能用手机随时随地拍出酷炫的短视频、掌握手机短视频拍摄方法，下面将分别介绍苹果手机和安卓手机的录像功能，以及辅助配件的使用方法。

苹果手机

　　苹果手机是市面上主流的手机品牌之一，其镜头具有色彩还原度高、光学防抖、夜景拍摄清晰、智能对焦、快速算法支持等优势。

以 iPhone 13 Pro 为例，手机配置了四个摄像头，分别是前置摄像头、长焦镜头、超广角镜头和广角镜头，前置 1200 万像素摄像头，后置 1200 万像素镜头，满足同一部手机在多种环境下的拍摄需求。

长焦、超广角、广角三合一镜头

打开相机，可以看到苹果系统的拍摄界面简单明了。选择"视频"，点击"录制"按钮即可开始视频的录制；再次点击"录制"按钮即可停止录制。使用延时摄影、慢动作等功能可以给短视频拍摄提供不同的画面风格和思路。

进入相机的设置界面，可以设置录制视频的格式、分辨率和帧率，还可以开启 / 关闭录制立体声。

苹果手机的录像界面

相机设置界面

安卓手机

市场上的安卓手机涵盖多种手机品牌，为了满足专业摄影师的摄影摄像需求，各安卓手机品牌争先恐后地开发出了更为全面的录像功能。

以荣耀70为例，其前后共搭配有四个摄像头，后置摄像头为5400万像素视频主摄+5000万像素超广角微距主摄，前置摄像头为3200万像素AI超感知主摄，支持手势隔空换镜。

荣耀70

荣耀70系统自带的录像功能较苹果手机更为丰富多样，除了常规的录像功能之外，荣耀70还提供了多镜录像功能，以及慢动作、延时摄影、主角模式和微电影功能，极大地丰富了拍摄手法的多样性。

荣耀70的录像界面

设置界面

使用多镜录像功能可以双
屏录制视频，并且可以随时切
换前／后、后／后、画中画镜头。

多镜录像（画中画）界面

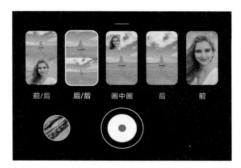

多镜录像功能的镜头切换

使用主角模式可同时输出两路视频画面，包括主角画面和全景画面。两路视频画面都支持 1080p 高清、美颜效果和 EIS 防抖算法。

主角模式界面

进入相机的设置界面，同样可以设置视频的分辨率和帧率，还可以开启/关闭隔空换镜。

相机设置界面

蓝牙遥控器

手机蓝牙遥控器

尽管大多数手机都自带手势拍照、声控拍照、定时拍摄功能，但有时也会因为距离太远而拍摄失败。在这种情况下，手机蓝牙遥控器能够很好地解决这一问题，方便我们自拍视频。只需将蓝牙遥控器和手机连接成功，在支持的距离内按下蓝牙遥控器上的快门按钮，就能够开始视频的录制了。

这种远距离控制手机进行视频拍摄的方法，适用于无人帮忙、拍摄空间狭窄等情况，以便视频拍摄更加轻松、自如。

外置手机镜头

当前手机的拍摄性能虽然越来越好，配置多个镜头，但还是以数码变焦为主，通过单张画面的缩放来实现景物的缩小或放大，所以画质往往不够理想。想要得到更好的画质效果，还需要外置手机镜头的帮助。

外置手机镜头是一个单独的设备，需要和手机镜头搭配使用。

使用方法：将外置手机镜头安装在手机原镜头的表面。

外置手机镜头可以给拍摄带来更多的玩法和更好的成片效果。带着相机出门是一种重量负担，现在很多人更愿意用手机录制短视频，但想要拍近距离的事物或者更广阔的风景，或多或少都受到限制，而外置手机镜头恰好解决了这些问题。

利用不同的外置手机镜头可以拍出不同的效果。常见的外置手机镜头分为广角镜头、长焦镜头、微距镜头、鱼眼镜头等。下面介绍不同外置手机镜头的拍摄效果。

外置手机镜头

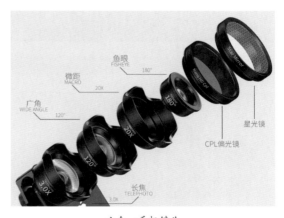

六合一手机镜头

1. 广角镜头

广角镜头适用于拍摄风光和大的场景。例如，短视频拍摄中需要拍一整栋楼或几栋楼，使用普通的拍摄镜头只能拍到楼体的一部分，而使用广角镜头，则可以把整栋楼都拍摄进去。

使用广角镜头拍摄的视频画面

使用广角镜头，可以在狭小空间里拍出大视角

2. 长焦镜头

长焦镜头适用于拍摄远景，焦段越长，拍的景物越远。目前手机拍摄的长焦画面画质不够理想，如果特别喜欢长焦拍摄，可以选购专业的长焦镜头。

使用长焦镜头拍摄的视频画面

3. 微距镜头

微距镜头适用于拍摄细节。例如用微距镜头可以用来拍摄昆虫、花蕊和花瓣等细节部分。

使用微距镜头拍摄的视频画面

4. 鱼眼镜头

鱼眼镜头适用于拍摄圆形景物，如圆形剧场、广场的全景、天空等。如果手机镜头没有自带鱼眼镜头，可以根据摄影需求购置鱼眼镜头。

使用鱼眼镜头拍摄的视频画面

常用的滤镜

1. CPL 偏光镜

CPL 偏光镜的主要作用是过滤场景中大量杂乱的反射和折射光线，只让特定方向的光线进入镜头，以增加成像画面的对比度，让画面更通透，色彩更浓郁。

不用 CPL 偏光镜的画面色彩不理想，画面发灰

使用 CPL 偏光镜的画面色彩表现力更好

2. 星光镜

通过星光镜可以将场景中点光源所发出的光线拍出美丽的星芒效果。在晚上拍照或者拍一些很亮的景物时会产生星芒的效果。

使用星光镜拍摄的视频画面

手机三脚架

拍摄固定镜头时，手持不够稳定，需要搭配防抖设备，这时手机三脚架就能起到固定手机的作用。市面上常见的手机三脚架类型有以下几种：桌面三脚架、八爪鱼三脚架、专业三脚架等。

桌面三脚架具有尺寸小、稳定性强的优势。材质有金属、碳纤维和塑料等，多用于室内场景。

八爪鱼三脚架尺寸较小，脚管是柔性的，可以弯曲绑在栏杆等物体上，使用比较方便。相较于桌面三脚架，八爪鱼三脚架的稳定性有所欠缺。

专业三脚架有伸缩脚架、云台、手柄等部件，脚架高度可随意调节，手柄可360°旋转，多用于室外场景。

桌面三脚架

八爪鱼三脚架

专业三脚架

购买手机三脚架时需要注意支架高度、承重度和防抖性能。

支架高度：在购买手机三脚架时，需要根据自己的需求和摄影对象来考虑支架高度。例如在拍摄风景、人像等类型的视频时，就需要选择高一些的支架；而在桌面拍摄讲解类的短视频时，矮一些的桌面三脚架更合适。

承重度：承重度越大，手机三脚架越稳定。一般来说，金属材质的支架承重度会大一些，但这类金属材质的支架往往要昂贵一些，而塑料材质的支架则便宜很多。

防抖性能：从某种意义上说，支架的防抖性能与承重度是成正比的，承重度越大的支架，防抖性能越好。对于拍摄照片来说，防抖性能可能没那么重要，但对于拍摄视频来说，防抖性能越好的支架越值得购买。

不要以为只要有三脚架就可以固定手机了，实际上，在手机与三脚架之间还需要几个附件来连接：一个是快装板，要安装在三脚架上，再去连接手机夹；还有一个是手机夹，用于夹住手机。

快装板

手机夹

手机稳定器

手机稳定器

使用大疆（DJI）的四代或者五代手机稳定器，足够完成一条视频的拍摄了。设备足够轻巧，一部手机＋一台手机稳定器，到哪里都可以立刻开始记录。使用手机稳定器能够在视频拍摄的过程中减少手机的抖动，使拍摄出来的视频画面更加稳定。

手机稳定器具有多种功能，以 DJI OM 5 为例，它采取磁吸式固定手机的方式，可轻松将手机安装于稳定器上，三轴增稳云台设计让拍摄画面更加抗抖，即便拍摄运动场景，画面也能保持稳定。内置延长杆可延长 21.5cm，将自拍杆和稳定器进行了融合。

拍摄指导功能（需下载配套 App）可以智能识别场景，推荐合适的拍摄手法及教学视频；也能根据所拍素材智能推荐一键成片，让记录、剪辑、成片一气呵成。

App 拍摄界面图

智能跟随模式（需下载配套 App）可智能识别选定的人物、萌宠，使被摄主体始终位于视频画面的居中位置。

智能跟随模式示意图

此外，DJI OM 5 还具备全景拍摄、动态变焦、延时摄影、旋转拍摄模式、Story 模式等辅助模式，让拍摄更加轻松。

手机灯具

1. 可调节式摄影灯

相对来说，可调节式摄影灯是摄影中最常见的灯具之一，用于补光。它并不是视频拍摄的专用灯具，常用于影棚内拍摄。这种摄影灯可用于调节冷光、暖光、柔光和散射光等。不同功能的摄影灯，价格也不一样，大家可以根据自己的摄影需求选择不同的摄影灯。

影棚内经常使用的摄影灯

62083

直播灯

2. 直播灯

直播灯是一种常用于网络直播补光的灯具，小巧、便携，补光柔和、均匀。在拍摄短视频时，可以使用这种操作简单、性价比高的灯具。一般来说，使用直播灯可以让人物皮肤更显白皙。

其他辅助道具

其他辅助道具包含柔光板、反光板、吸光布、烟饼和摄影箱等。

1. 柔光板

柔光板的主要作用是柔化光线，在不改变拍摄距离和背景的情况下，阻隔主光源和被摄主体间的强光，有效减弱光线。

2. 反光板

用灯具为场景或物体补光时，光线会让人感觉较硬，拍出来的画面不够柔和。这时可以使用反光板，将灯光打在反光板上，借助反光板进行补光，画面的光效即可变柔和。反光板有白色、银色、金色等多种色彩，不同的反光板材质可以营造出不同色调的反光。

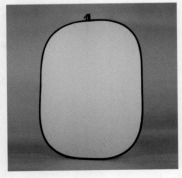
柔光板

五合一反光板

3.吸光布

吸光布的作用是吸收折射光。吸光布的表面比较粗糙，光照在上面的时候不会出现折射效果，就像把光吸收掉一样。吸光布可以更好地突出被摄主体。

借助吸光布营造黑背景效果

使用吸光布拍摄的画面效果

4. 烟饼

　　烟饼的作用是增加光线制造的空间效果，增强所拍摄画面的透视关系，主要用于营造环境氛围。烟饼可以制造烟雾，让太阳光在雾里呈现光束的效果。除了用于拍摄风光意境，烟饼还经常用于拍摄仙境效果。

烟饼及烟饼燃烧示意图

没有烟雾的画面效果

添加烟雾后的画面效果

5. 摄影箱

摄影箱可以用于拍摄静物。例如，可以把静物放在摄影箱里，因为摄影箱中的灯光比较充足，可以拍摄出静物无阴影的效果。

摄影箱

侧面打开的摄影箱

将拍摄对象放入摄影箱进行拍摄，光线充足，画面干净

3.2 相机及其配件

短视频博主常用的相机主要有运动相机、口袋相机和专业相机，除此以外还会配备相机三脚架和相机稳定器。下面会详细讲解不同拍摄器材的基本信息和优缺点。

运动相机

运动相机是一款紧凑型摄影录像一体机，它易于使用，坚固耐用，具备防水、防尘、光学防抖功能，可用于拍摄第一视角的运动画面，也可用于拍摄静态图像。它体积小、重量轻，适合跳伞、滑板、骑行、跑步、游泳、潜水等运动场景的拍摄。运动相机拥有丰富的配件群，可根据场景搭配不同种类的配件，也可将运动相机安装在传统相机和智能手机无法安装的地方，比如车顶、头盔、领口、背包处，甚至宠物身上，拍摄出全新视角的视频。

运动相机

运动相机的优势在于其特殊的取景方式，会给画面带来更强的冲击力和新奇感，方便录制沙漠、水底等场景的视频。其不足之处就是弱光下拍摄质量急剧下降，拍摄出来的视频噪点很多，使用场景较为受限，电池续航时间较短且无法外置电源。

在水下拍摄

以 GoPro 为例，它有着强大的防抖功能，适合拍摄运动题材和旅游题材的视频。它的体积小巧，广角镜头的拍摄范围广，自拍时能拍到身后的环境，使用转接头也能外接麦克风。

GoPro HERO10 Black

口袋相机

口袋相机，具有三轴的机械云台，增稳效果更佳，并且可以控制相机的转动角度，带有智能跟随功能，适合拍摄人物、景物、美食、生活类题材的视频。如果想挑选一款轻巧且功能强大的拍摄设备，又不想投入过多，可以选择口袋相机。

以 DJI Pocket 2 为例，它能拍摄 6400 万像素照片和 4K/60Hz 视频。小巧的三轴云台稳定性能很好，且便于携带。其背面有一个小屏幕，自拍时能看到自己，完全能作为很好的视频拍摄设备。

口袋相机

专业相机

如果你想制作比较专业的短视频，对画质有比较高的要求，可以选择专业相机作为拍摄设备。专业相机具有更强的续航能力，且能应对更极端的环境，稳定可靠。其缺点则是设计结构复杂且内部装置较多，体积较大，重量也比较重，一般都需配备专门的相机包、三脚架、防潮箱等设备。

专业相机

你可以根据自己的预算来选择合适的相机。

如果你希望设备操作简单，拍摄人像漂亮，可以考虑佳能 G7 X Mark II，它带有美颜功能，有翻转屏，方便自拍；缺点是没有麦克风接口，收声对拍摄环境要求较高，电池续航能力比较弱。

如果你对画质有一定要求，并且有一定的剪辑能力，可以考虑索尼 ZV-1。它非常轻巧，能够拍摄 4K HDR、S-log3 等专业格式的视频，内置立体声收音麦克风，也有侧翻屏，对焦强大稳定。值得一提的是，这台相机有产品展示功能，当有需要展示的物件靠近相机时，其能够迅速自动对焦到物件上。

如果以上设备都不能满足你的需求，想要有更强大的虚化、4K、防抖、对焦、高感等功能的相机，那么可以考虑价格更高的其他机型，比如索尼 A7M3/A7M4/A7R3/A7R4 等。

当然，除了购置相机，还需要配置镜头、稳定器、收音麦克风、滑轨、云台、计算机等，同时要学习后期剪辑技术。

相机三脚架

相机三脚架的功能和手机三脚架类似，主要起到固定增稳的效果。常见的三脚架材质是铝合金和碳纤维。铝合金三脚架重量轻、十分坚固；碳纤维三脚架则有更好的韧性，重量也更轻。

相机三脚架按管径尺寸可分为32mm、28mm、25mm、22mm 等。一般来讲，管径越大，三脚架的承重越大，稳定性越强。选择三脚架的一个重要因素就是稳定性。许多职业摄影师会在三脚架上吊挂重物，通过增加重量和降低重心的方法来增加其稳定性。

相机三脚架

相机稳定器

手持相机拍摄视频时，画面会非常不稳定，让人看了头晕。为了拍摄画面的稳定，通常需要借助相关设备，通过安装相机稳定器来稳定拍摄画面。

如何正确使用稳定器？相机稳定器的使用技巧有哪些？相机稳定器的功能有哪些？下面以智云云鹤 2S 为例，介绍一下相机稳定器的使用方法和主要功能。

相机稳定器

智云云鹤 2S

首先，将相机安装在稳定器上，手持稳定器，这样相机拍摄的画面就非常稳定了。

在将镜头推进和拉远的时候，同样手持稳定器，保证画面的稳定。

在侧面跟拍的时候，要注意手持稳定器的方向和拍摄者步伐的频率要保证一致，避免相机画面的突然晃动。

在跑步跟拍的时候，即使有稳定器的加持，相机画面也很难保持足够稳定，这个时候需要尽量保持自己身体的稳定，避免出现大幅度的晃动。

环绕拍摄时，单手持稳定器即可。

最后一个技巧，就是在镜头推进、拉远的同时旋转稳定器，可拍摄出一种天旋地转的画面效果。

智云云鹤 2S 还提供了很多进阶玩法，例如巨幕摄影、定点延时、移动延时、长曝光动态延时等。在普通拍摄的基础上使用这些进阶功能，可拍摄出更有创意的视频。

巨幕摄影

定点延时

长曝光动态延时

3.3 无人机

无人机也被称为飞行相机。近年来，随着无人机技术的成熟，航拍也逐渐走入大众视野。目前无人机搭载的镜头性能强大，成像效果不亚于相机。以 DJI Mavic 3 为例，该无人机采用哈苏镜头，搭配广角镜头和长焦镜头，支持 4K 画质和 4 倍变焦。相机云台自带三轴稳定器，为拍摄稳定性提供了有力的支持和保障，同时还支持一键成片、智能跟随、大师镜头、全景拍摄、延时拍摄等功能。

无人机

无人机拍摄的优势是在相机达不到的全新角度进行拍摄，俯瞰景色。缺点在于操控技术需学习，飞行的安全法规也需要掌握，并且需要考取无人机驾照。

航拍视频画面 1

航拍视频画面 2

航拍视频画面 3

第 4 章　简单几招，提升视频表现力

除内容、结构等要素之外，视频画面自身的表现力，视频的播放速度、流畅度和画面明暗、平滑度等因素也是评判视频品质的重要标准。本章将介绍如何通过硬件、拍摄技术、后期调修来提升视频表现力。

4.1　保证画面的速度与稳定性

如果镜头的运动速度比较快，那么最终的视频画面切换速度也会非常快，给观者留下的反应时间会比较短，导致观者无法看清画面中的内容，画面给人的观感就不够理想。所以通常来说，镜头运动的速度不宜过快，要让每一帧画面都足够清晰，这样才能更好地表现画面内容。

可以看到，如果镜头移动速度过快，画面可能是模糊的；如果镜头运动速度适中，截取的画面就足够清晰。

镜头移动速度过快的画面截图

镜头移动速度适中的画面截图

拍摄运动画面时，拍摄者身体的重心会随着脚步的移动而前后或左右晃动，导致视频画面抖动，不够平稳。如果要拍摄非常稳定的画面，拍摄者就要确保身体重心不要有过大的运动幅度，并且要保持手部稳定。

从视频截图来看，如果在一秒内，画面出现了较大的位移，画面就会表现出非常明显的抖动，给人的观感很不好。

抖动画面的视觉效果　　　　　　　　　　　　　　稳定画面的视觉效果

为了获得更稳定的画面，往往需要使用一些稳定设备，比如手机稳定器、相机稳定器或相机"兔笼"等。

手机稳定器　　　　　　　相机"兔笼"　　　　　装好"兔笼"的单反相机

4.2　避免视频的闪烁与脱焦

1. 视频闪烁问题

　　如果场景光线过于复杂，那么拍摄的视频画面就有可能频繁出现明暗闪烁，导致视频画质下降。比如，场景中有乌云或遮挡物在光源前出现，会导致相机或手机的测光出现问题，拍到的视频画面就会频繁出现闪烁。

　　此外，在拍摄从天亮到天黑，或是从天黑到天亮的延时画面时，相机或手机在拍摄过程中会调整曝光，视频画面也会出现闪烁。

　　下面的案例中，乌云在明亮的星体前移动，画面出现了明显的闪烁。

闪烁严重的延时视频画面 1

闪烁严重的延时视频画面 2

　　要防止视频画面的闪烁，就要在前期对曝光进行锁定。

　　但在拍摄日转夜或者夜转日的延时画面时，是不能锁定曝光的。如果视频画面出现了闪烁，就需要后期去闪。

　　一种比较简单实用，且适合大部分用户的方法是对拍摄完成的视频直接利用插件去闪。经过 2~3 次去闪处理之后，就能得到明暗过渡平滑的画面效果，常用的插件有 DEFlicker、LRTimelapse 等。

在 Adobe After Effects 软件中借助 DEFlicker 插件去闪

两次去闪后的视频画面

　　如果使用单反相机等设备拍摄延时视频，原始素材是一系列的 RAW 格式照片，就可以借助特定的软件对 RAW 格式照片进行去闪，最终将去闪后的照片序列加载为视频。

在 Lightroom 软件中对素材进行批量处理

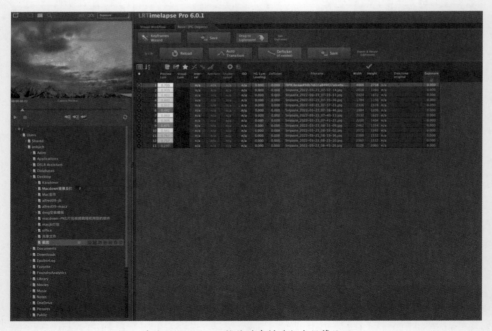

借助 LRTimelapse 软件对素材进行去闪等处理

2. 视频脱焦问题

影响视频表现力的另外一个因素是脱焦。如果拍摄的视频画面的对焦位置频繁发生变化，那么视频画面就会在虚实之间多次切换，给人非常不好的感觉。要解决这个问题，可以提前固定对焦位置。固定对焦位置之后，后续拍摄的画面就不会出现虚实的切换。比如在拍摄人物时，前景有遮挡物，如果不提前将对焦位置固定在人物脸部，那么画面可能就会对焦在前景上。

对焦位置在前景，人物虚化

在手机屏幕点击人物面部固定对焦位置

如果使用相机拍摄，可以提前设定自动对焦，然后设定人脸对焦模式，这样可以确保对焦位置一直在人物面部上。当然，前提是相机的运动速度不宜过快，否则相机可能来不及对焦，出现脱焦问题。

相机镜头的对焦滑块（锁定时要拨到 MF 一侧）　　　设定人脸检测（即人脸对焦模式）

此外，如果拍摄距离过近，那么无论是手机还是相机拍摄，画面都会因超过最近对焦距离而脱焦。

器材与被摄主体距离过近，无法对焦

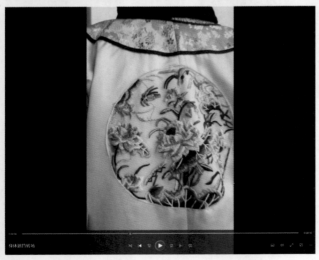

距离拉远后，基本能够清晰对焦

距离稍远，对焦效果更理想

如果镜头运动速度过快，可能出现脱焦的问题，因为有时候器材的对焦速度可能跟不上。运动速度适中，才可以确保理想的对焦效果。

4.3　提升画面表现力的关键——Log 与 LUT

在拍摄光线比较强烈的场景时，光源附近亮度非常高，阴影区域亮度又非常低，明暗反差比较大。这时，拍摄画面有可能无法同时还原出亮部和暗部的所有细节，往往会出现亮部高光过曝或者暗部死黑的问题。针对这种情况，比较专业的单反相机、摄像机品牌，甚至比较高端的手机品牌都推出了 Log 模式。

Log 模式的作用，就是拍摄时，降低亮部的曝光值，提高暗部的曝光值，尽可能保留拍摄场景的更多信息，以便后期调色时提亮亮部、压暗暗部，减小画面的明暗反差，并且保留亮部和暗部的细节。

在剪映软件中，也有 Log 色轮功能，其主要用于对素材片段进行调色。

采用 Log 模式拍摄的细节丰富的画面，可以看到画面是灰蒙蒙的

如果使用 Log 模式拍摄，拍出的视频画面是灰蒙蒙的，对比度非常小，但是亮部和暗部的细节都保留了下来。在调色软件中对视频进行调色，就可以恢复所拍摄场景的明暗与色彩，视频画面变得非常漂亮，并且亮部和暗部细节都保留了下来。

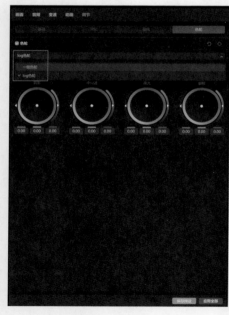

剪映软件中的 Log 色轮功能

调色后的视频画面

在视频调色领域，还有一个概念——LUT，是 Look Up Table（颜色查找表）的缩写。利用 LUT，可以改变画面的曝光与色彩。

利用 Log 调色，可以得到细节丰富、色彩鲜艳的视频画面，这实际上是一种校准色彩的方式。而利用 LUT 调色，则是一种风格化调色的过程，即可以根据自己的理解或需求，将视频调整为某些特殊的色调。比如，可以将视频调整为青橙色调、复古色调等。

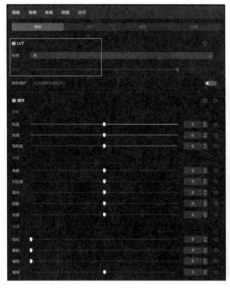

剪映软件中的 LUT 功能

用 LUT 调为复古色调后的视频画面

4.4　掌握视频剪辑软件的用法

进行一般的短视频创作时，很少借助特别复杂的剪辑软件来处理，但这并不表示一般短视频创作就用不到专业剪辑软件。

日常的视频剪辑可以通过手机版剪映软件来处理，还可以借助性能更强、兼顾专业剪辑功能与人工智能算法的计算机版剪映软件来处理。如果需要进行非常专业的视频处理，则可以考虑使用 Premiere（Pr）和 Final Cut Pro X（FCP）。

专业视频剪辑工具

1. Premiere（Pr）

Pr 是视频剪辑爱好者和专业人士常用的视频剪辑工具，具有易学、高效、精确的特点，可提供视频采集、剪辑、调色、美化音频、字幕添加、输出、DVD 刻录等强大的功能，并和其他 Adobe 软件高效集成，以便用户创作出高质量作品。

Pr 软件的剪辑界面

对于普通短视频创作者来说，其可能更多会在手机 App 上完成剪辑。如果要进行专业的调色和效果制作，Pr 无疑是很好的选择。

2. Final Cut Pro X（FCP）

如果说 Pr 是 Windows 操作系统下能够兼顾视频创作专业人士与短视频创作业余爱好者的利器，那么 FCP 则是苹果操作系统下理想的视频剪辑软件。

FCP 是苹果公司开发的一款专业视频非线性编辑软件，包含后期制作所需的大量功能，可导入并组织媒体（图片与视频等），可对媒体进行编辑、添加效果、改善音效、颜色分级优化等处理。

Pr 软件的调色界面

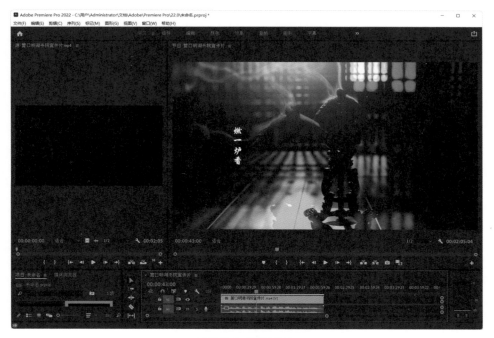

FCP 软件的剪辑界面

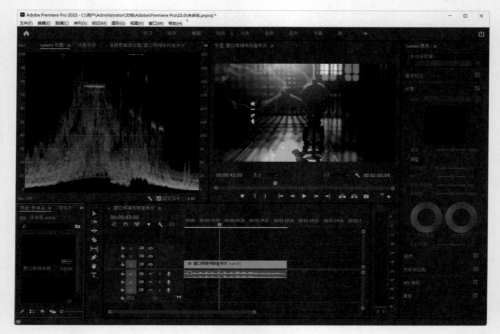

FCP 软件的调色界面

剪映软件

如果对短视频剪辑质量要求不是很高，可以将拍摄好的素材直接导入手机App 进行剪辑和特效处理。

剪映 App 是当前比较流行、功能也比较强大的短视频剪辑和特效制作工具，这款工具是抖音旗下的免费软件，除具有常规的音视频、字幕处理功能外，还具有强大的人工智能算法，能帮助短视频创作者快速制作短视频，其还有卡点、贴纸等功能。

如果不习惯在手机上剪辑视频，或对视频细节要求比较高，而又不会使用Pr 及 FCP 等专业软件，那么计算机版剪映软件则是不错的选择。计算机版剪映与手机版剪映的大多数功能基本相同，在计算机上可以更直观地进行视频处理，并且计算机版剪映也集成了大量的人工智能算法，可以帮创作者快速生成优质的视频。

剪映 App 主界面　　　　短视频剪辑界面　　　　一键成片界面

计算机版剪映剪辑界面

4.5　视频特效制作与调色软件

专业级视频剪辑可以使用 Pr 软件与 FCP 软件，而专业级视频特效制作，则可以使用 Adobe 公司的 After Effects（AE）软件，这是一款可以分图层制作特效的影视后期软件，是影视后期合成处理的专业级非线性编辑软件。该软件在影像合成、动画制作、非线性编辑、设计动画等领域有很强的性能，并且可以与其他主流 3D 软件（如 Maya、Cinema 4D、3Ds Max 等）很好地衔接。

AE 软件工作界面

如果要进行非常专业的视频调色，则可以使用 DaVinci Resolve Studio（达芬奇软件），这是一款集剪辑、调色功能于一身的软件。它的剪辑功能不如 Pr、FCP 等专业的剪辑软件强大，但在调色方面非常强大。在视频的拍摄过程中，由于不能完全控制光线等因素，所以拍出来的画面难免会有光影不一、色调不同的问题。这些问题就可以利用达芬奇软件进行处理。

最后，介绍一款普及度非常高，但在影视后期中又比较另类的软件——Photoshop（PS）。众所周知，PS 是一款平面后期软件，但实际上这款软件也具有简单的视频剪辑、调色功能。借助 PS 强大的蒙版、调整图层功能，短视频创作者可以对视频进行一些简单的局部影调与调色处理。

达芬奇软件工作界面

在 PS 的时间轴面板中可以对视频进行剪辑，借助调整图层可以对视频进行调色

4.6 延时视频与慢动作视频

在一般视频中穿插延时视频与慢动作视频，可提升视频的表现力，并渲染特定的情绪氛围。本节讲解延时视频与慢动作视频的拍摄方法。

延时视频

延时视频是一种压缩时间的拍摄技术。通常拍摄一组照片，后期通过将照片串联成视频，把几分钟、几小时甚至是几天拍摄的画面压缩为较短时间的视频。延时视频的题材通常为城市风光、自然风景、天文景象、城市生活、建筑制造、生物演变等。

用机器拍摄延时视频的过程类似于制作定格动画，把多张拍摄间隔时间相同的图片串联起来，合成一个动态的视频，以变化明显的影像展现景物低速变化的过程。譬如从日落前 2 小时开始拍摄日落，直到日落后 1 小时，共 3 小时。每隔 1 分钟拍摄一张照片，以记录太阳运动的微变，共计拍摄 180 张照片，再将这些照片串联成视频，按正常频率放映（每秒 24 帧），在几秒之内，就可展现日落的全过程。

拍摄延时视频的器材主要有单反相机、无反相机或无人机。拍摄方法也很简单，以单反相机为例，等时间间隔拍摄一系列照片，不能手动按快门，避免造成画面抖动。如果相机不具备间隔拍摄功能，就需要外接一根快门线。同时还需要准备一个稳定的拍摄平台，比如三脚架，否则任何晃动都会造成后期视频画面的晃动。

在拍摄过程中需要注意以下几点。

（1）镜头前尽量不要出现行人或动物，以免影响整体画面美感。

（2）在刮风等情况下需注意三脚架的稳定，防止画面抖动或镜头倾斜。

（3）在高温或极寒条件下需注意设备的降温或保暖，避免设备在拍摄过程中自动关机。

（4）延时拍摄一般时间较久，需携带充足的外接电源保证电量。

延时视频镜头 1

延时视频镜头 2

慢动作视频

慢动作视频，是指画面的播放速度比常规播放速度慢的视频。为了避免播放时画面变得卡顿和跳跃，在拍摄慢动作时，要设定更高的帧频。

目前大多数手机都具备慢动作拍摄模式，可拍出具有慢动作效果的画面。慢动作视频画面的播放速度较慢，视频帧频可达到 120fps（即 120 帧 / 秒），画面看起来也更为流畅，这称为升格。

拍摄慢动作视频时需保持手机稳定，可借助三脚架、稳定器等辅助设备。拍摄慢动作视频时，对环境光的要求也较高，需要有足够的进光量来保证画面质量，在较为阴暗的环境拍摄慢动作视频，画面会模糊不清。

慢动作视频主要拍摄的题材有：动作特写、水流等。例如，使用慢动作拍摄模式对人物的五官和动作进行特写，运用低于常规物体移动的速度来展现眼睛缓慢睁开的美感。

慢动作镜头 1

慢动作镜头 2

第 **5** 章 影响短视频画面美感的要素

影响短视频画面美感的要素，除后续章节要讲的镜头调度外，还包括视频画面的构图、用光及色彩。本章将介绍画面构图、用光及色彩相关知识。

5.1 基本构图常识

构图的概念

构图是指摄影者通过选择拍摄对象、调整拍摄角度，来构建画面的内容，让画面中的被摄主体有更强的表现力，让最终呈现的画面能够给人比较好的视觉感受，能够让人感受到艺术之美。

以下面两个画面为例来看构图的重要性。

大面积的水面以及天空显得非常空旷，轮船打破了这种平静，让画面有了冲突，有了故事性。轮船位置的安排及其和天际线的位置关系的选择就是构图。仔细观察，可以看到天际线位于画面的上三分线处，轮船位于下三分线处，并且轮船也位于右三分线的位置。原本这是一个很简单的画面，从构图的角度来说却包含很多内容。经过这样合理的构图，画面看起来更自然、协调

借助树木本身的线条形成一个半圆形的框架，对铺满落叶的地面以及向远处延伸的道路进行了强化，让画面更具纵深感，这也是构图的力量

画面构成元素

画面有几个重要的构成元素。第一是主体，是要拍摄的对象，可能是人，可能是建筑等。第二是陪体，也称宾体或客体，主要用于陪衬或修饰主体，或与主体构成一定的故事情节来共同表达主题。第三是前景，其位于主体景物之前，起到过渡的作用。第四是背景，主要用于交代主体所处的环境、时间等信息，并可以起到衬托主体的作用。第五是留白，是指画面留出一定的空白，没有重点景物，留给观者休憩和思索的空间。

画面中，长城是主要的表现对象，是主体；近处的桃花则是前景，对长城起到了一个很好的陪衬和过渡作用；蒸腾的云雾以及山坡上的桃花可以作为陪体，起到了衬托和强调长城的作用；远处的天空是背景，非常干净，避免干扰长城主体的表现力；天空上半部分没有太多的景物，属于留白

实际的创作中，并不是所有画面都具备完整的构图元素，如有的画面没有陪体，有的没有前景，有的没有留白。所以，并不能说构图元素不完整，画面效果就不好。

这个画面没有明显的前景，只是重点表现具有传统中式风格的门环，画面的光影以及质感都非常强，表现力同样很强

背景及人物的服饰很容易吸引观者的注意力，但这个画面是没有明显前景的

主体与主题

　　关于构图，还应该明白一个重要的概念——主题。主题与主体一字之差，但完全不同。将摄影作品比喻成一篇文章，那么主题是文章的中心思想，是要表达的观点；而主体则相当于文章中的主角，是通篇文章重点描写的对象。从这个角度来说，主题更加抽象，是宏观的概念，主体是比较具体的对象。

小贴士

　　画面的主题一定要鲜明，主体一定要突出。但某些画面可能没有明显的主体，这并不妨碍画面有很强的表现力。也就是说，主题必须有，并且必须鲜明，主体则不一定有。

这个画面中，湖面美景是主题，木船则是主体。借助主体以及整个环境来表现主题，画面还是比较成功的

这个画面同样如此，岩石、花都可以作为主体，并不妨碍高山美景的表现力。也就是说，主体并不是必不可少的，主题才是画面最重要的元素

前景

利用前景构成一个框景，强调了远处的长城，让画面有了一种更强的现场感，给观者身临其境的感觉

无论是风光还是人像，前景是极为重要的。它的重要性在于可以改变画面给人的视觉感受，还可以呈现出更多不同的画面，提高拍摄的出片率。

一般来说，前景有多种功能：它可以构成框景来强调主体，可以丰富画面的内容和影调层次，还可以引导观者的视线到画面深处。另外，在拍摄同一场景时，稍稍移动视角改变前景，就可以拍出一张不同的画面。

利用前景进行过渡，让远处的主体不至于太突兀，丰富了画面的层次和内容

前景的溪流将观者的视线引向画面的深处，
增加了画面的深度和空间感

上面这两个画面是在同一场景下拍摄的，拍摄时只是稍稍改变了取景的角度。可以看到两个画面的前景不同，画面效果也不同，这提高了拍摄的出片率

透视

透视是指拍摄场景中景物在画面上所呈现的距离以及空间关系。将真实场景中景物的距离和空间关系在画面中非常好地表现出来，那么画面的透视感是非常

理想的；如果无法表现出来，或者说表现得不够真实自然，那么画面的透视感较差。

透视的概念比较抽象，这里通过具体的案例来进行说明。

画面中，近处的河流与远处的山脊形成了一种远近的对比关系，从视觉上我们会感觉近处的河流与远处的山脊有很远的距离，画面也比较立体

若没有近处河流作为对比，远处三层山脊之间虽然有很远的距离，但却仿佛压缩在了一起，画面的透视感非常弱

需要注意一点，透视感强弱并不能成为判断画面好坏的标准。一般来说，使用广角镜头拍摄的画面透视感要强一些，所表现的场景更宏大；而使用长焦镜头拍摄的画面，透视感要稍弱一些。

另外，还要注意另外一种透视，即空气透视。所谓空气透视，是指近处的景物非常通透、清晰，而远处的景物朦胧、模糊，这符合人眼视物的自然规律。用眼睛观察眼前的场景时，也是近处的景物清晰，远处的景物朦胧、模糊。

俯拍与仰拍

高机位常用于风格摄影中。高机位俯拍搭配广角镜头，再加上较远的拍摄距离，可以在有限的画面中得到非常广袤的视角，容纳更多的景物，还可以将主体投射在广阔的背景上，营造出特殊的效果。

这个画面是站在高楼楼顶俯拍的，将远处的城市风光纳入镜头，视野显得非常开阔

仰拍是指镜头向上仰起进行拍摄，拍摄的景物一般是比较高大的，或者景物原本就位于上方，这样拍摄出的对象看起来会更加高大、雄伟、有气势。仰拍的同时使用广角镜头，靠近景物拍摄，更能突出被摄主体的高大、气势。

仰拍下的建筑雕塑给人一种非常高、非常雄伟的视觉感受和庄严肃穆的感觉

这个画面同样是仰拍得到的。其给人很明显的压迫感，让人有一种眩晕的感觉

封闭与开放

　　拍照时，将主体或重点对象拍完整，能够给人圆满、完整的心理暗示，这种构图形式也称为封闭构图。但这样做容易产生新的问题，那就是画面可能会显得过于规整，缺乏变化，视觉冲击力不够。如果取景时只截取主体对象的局部，变为开放构图，相当于放大了主体的局部，展示出更多的细节和纹理，增强画面的质感和视觉冲击力；同时，可以让观者有更多的想象空间。

这个画面是封闭构图，主体以及陪体都被完整地表现了出来，画面给人一种比较完整的视觉感受

这个画面是很明显的开放构图，只截取了主体的局部进行表现，达到窥一斑而知全豹的效果；让人感受到画面之外的景色之美，也给了观者想象的空间

视频横竖的选择

下面介绍横构图和竖构图(也称为直幅构图)的概念。横构图是使用较多的一种构图形式,这种构图更符合人眼左右看事物的规律,并且能够在有限的画面中容纳更多的环境元素。一般情况下,横构图多用于拍摄宽阔的风光画面,如连绵的山川、平静的海面、人物等,还适用于表现运动中的景物。

竖构图也是一种常用的构图形式,它有利于表现上下结构特征明显的景物,可以把画面中上、下部分的内容联系起来,还可以将画面中的景物表现得高大、挺拔、庄严,拍人物时更有利于强调人物的身材。

横构图能容纳更多景物,可以在突出表现主体的同时,呈现一定的环境。这个画面既突出了夜景中的建筑,又呈现出周边的环境

改为竖构图后,表现出了建筑的高度、结构和线条,而周边的环境感会稍弱一些

5.2 景别

1.远景

远景、全景等说法，源于电影摄像领域，一般用来表现远离摄影机的环境全貌，展示人物及其周围广阔的空间环境、自然景色和群众活动大场面的画面。它相当于从较远的距离观看景物和人物，视野宽广，人物较小，背景占主要地位。

事实上，从构图的角度来说，远景适用于一般的摄影领域。在摄影作品中，远景通常用于介绍环境、抒发情感。

利用远景表现出了城市的环境，
将天气等信息交代得非常完整

这个画面表现的是司马台长城
的望京楼。利用远景来呈现这
段长城的美景，可以将大致的
时间信息（日出或日落时分）、
天气等交代得很清楚

2. 全景

全景，是指表现人物全身的景别。以较大视角呈现人物的体型、动作、衣着打扮等信息，虽然表情、动作等细节的表现力可能稍有欠缺，但胜在全面，能以一个画面将人物各种信息交代得比较清楚。

这个画面以全景呈现人物，将人物身材、衣着打扮、动作、表情等都展示出来，信息是比较完整的

3. 中景

中景是指拍摄人物膝盖以上部分的画面。在风光题材中，运用中景，不但可以加深画面的纵深感，表现出一定的环境、气氛，还可以强调主体，让主体更加突出。

这个画面便是典型的中景，既表现了环境，又突出了主体

表现中景画面时要注意：取景时不能切割到人物的关节。比如不能切割到人物的髋部、膝盖、肘部、脚踝等部位，否则画面会给人一种残缺感，构图不完整。

4. 特写

特写，是指重点表现拍摄主体某个局部的景别。特写镜头能表现人物及动物细微的情绪变化，使观者在视觉和心理上受到强烈的感染。

有时候，以特写视角来表现人物、动物或其他对象的重点部位，这时更多呈现的是这些重点部位的细节、特色。像这个画面，表现的就是山魈面部的细节和轮廓

5.3 黄金法则与三分法构图

黄金法则

古希腊学者毕达哥拉斯发现，将一条线段分成两份，当较短的线段与较长的线段之比为 0.618：1 时，这条线段看起来更具美感；并且，较长的线段与这两条线段长度之和的比值也为 0.618：1，这是很奇妙的。

在摄影领域，基于当前比较常见的 3：2 的画面比例，将画面分为三份，具体怎么分呢？其实很简单，在 3：2 比例的画面中引一条对角线，然后从其余两个角中的任意一个角向这条对角线引一条垂线，这样，就将画面分为三部分，分别为 a、b 和 $a+b$。其中，a 的面积与 b 的面积之比就近似于 $0.618 : 1$；同样，b 的面积与 $a+b$ 的面积之比也近似于 $0.618 : 1$。

如果拍摄的画面将主要景物按照这种比例来划分，那么画面看起来就会具有美感。这就是黄金法则在摄影中的具体应用。

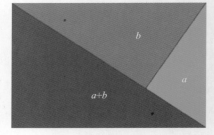

黄金法则构图示意图（1）

在实际拍摄中，不可能将每个场景都如此精确地按黄金比例划分为三个部分，因此在实际应用中，往往专注于寻找构图点，也就是黄金构图点。黄金构图点是指对画面进行黄金分割后，从一个角向对角线引的垂线的垂足。构图时，将主体置于构图点上，就能够使主体醒目和突出。

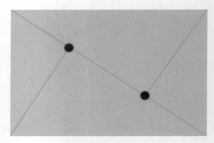

黄金法则构图示意图（2）

三分法构图

通常来说，主体的位置安排关乎画面的效果。前面介绍过黄金构图点，那么简单的技巧就是将主体放在黄金构图点上。实际上，寻找黄金构图点会比较麻烦，可以将主体放在画面横竖的三分线交叉点上，这几个交叉点接近黄金构图点，是很好的位置选择。当然，还有一些其他的位置，我们应根据场景的不同及主体自身的特点来进行安排。

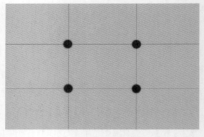

三分法构图示意图

在画面中，白色的轿车出现在理想的构图点上，显得突出醒目，而画面整体又比较自然

　　主体不是只能安排在黄金构图点和三分线交叉点上。构图是一种艺术创作，表现手法也变化万千。即便主体没有位于理想的构图点上，只要画面取得了平衡，那就表示构图是比较成功的。

这个画面中，作为主体的建筑并没有在黄金构图点或三分线交叉点上，但画面是比较协调的，这也是成功的构图

除主体之外，对于画面中的其他景物，我们也可以用三分法构图。比如，将天际线放在三分线的位置，使天空与地面景物的比例为 1∶2，画面往往会有不错的视觉效果。

　　三分法源自黄金法则，画面效果也符合美学规律，看起来比较协调、自然。需要注意的是：三分线是放在画面上 1/3 处还是下 1/3 处。

本场景中，地景的长城更有表现力，因此地景要占据 2/3，天空占 1/3

5.4　对比构图的趣味性

对比构图是构图中非常重要的一种方法。它是通过画面中景物的远近、虚实、大小等不同的关系来营造一种对比和冲突，增强画面视觉冲击力，让画面充满故事感和趣味性，变得更加耐看。

远近对比构图

远近对比与大小对比是有一定联系的，它们同样有大小的差异，但远近对比还有距离上的差异。这种对比构图的画面内容和层次更加丰富，并且蕴含一定的故事情节，更加耐看，更有美感。

这个画面中，近处的木船与远处的木船形成了一种远近的对比关系，让画面变得更有深度、更有空间感、更加立体

虚实对比构图

虚实对比是一种非常常见的构图形式。它以虚衬托清晰（实），突出主体，强化画面的主题。

这个画面，以虚化的背景花卉衬托清晰的主体。需要注意的是，这种虚实对比要确保主体是清晰的；另外，不能让虚化的区域过度虚化，没有一点轮廓，否则没有虚实对比的效果

大小对比构图

远近对比侧重于距离远近的对比，而大小对比则侧重在同一个焦平面区域内进行对比。

两个蘑菇有一大一小的对比，让画面充满趣味性

明暗对比构图

　　大多数情况下，明暗对比会用大面积的暗环境来衬托明亮的主体。

这个场景整体比较灰暗，作为主体的长城却比较明亮，即利用暗处的景物来衬托亮处的景物，这是一种明暗对比

色彩对比构图

　　画面中色彩反差较大会产生明显的对比。最强烈的色彩对比主要是指景物间成互补关系的色彩之间的对比。

这个画面利用绿色的叶子与粉色的花朵进行对比，营造出一种强烈的视觉冲突，强化画面的视觉效果

5.5 拍出有趣的画面

1. 框景构图

框景构图是指在取景时，将画面重点部位利用门框或其他框景框出来，引导观者的注意力到框景内的对象上。这种构图方式的优点是可以使观者产生跨过门框即进入画面现场的视觉感受。

与明暗对比构图类似，使用框景构图时，要注意控制曝光程度，因为很多时候边框的亮度往往要暗于框景内景物的亮度，并且明暗反差较大。通常的处理方式是着重表现框景内景物，使其曝光正常、自然，而边框会有一定程度的曝光不足，此时保留少许细节起修饰和过渡作用即可。

画面中，利用长方形的边框构成框景，强调里面的花朵

这个画面中，周边盛开的桃花形成一种天然的框景，对远处的城楼进行了强化，让人有一种身临其境的感觉

这个画面中，两边以及远处的树木形成了一个天然的框景，像是拉开的帘幕，对烟雾中的人物进行了强化，增强了画面的现场感

2. 对称构图

对称可以让画面显得比较圆满、完整和协调。借助玻璃或水面，景物可以与其倒影形成一种虚实对比的关系，让画面更具形式美。

这个画面中，建筑与水面的倒影形成了一种对称关系，既有景物对称，又有虚实对比

这个画面中，主体自身左右对称。这种画面往往会显得比较的完整和协调，给人一种非常规整、稳定的感受

3. 放射式构图

放射式构图也称为发散型构图、扩散式构图，是指以主体的重点部位为中心，景物向画面四周呈放射状的构图形式。放射式构图可以将观者的注意力集中到主体上，然后又向四周延伸和扩散。通过这种构图形式，可以在画面对象比较复杂时汇集观者的视线，突出主体。如果放射或构图运用不当，可能会使人产生压抑、沉重的感觉。这种构图形式的使用范围较广，风光、静物等题材均可运用。

这个画面中，发散的光线会给人非常强的视觉冲击力

4. 对角线构图

对角线构图是指画面中的主体或景物沿着对角线分布的构图形式。这种构图形式往往会给人一种动感或是活泼的感觉。

这个画面中，利用对角线构图来表现景物，给人一种非常不稳定的感觉，强调了山体的高度

5. 三角形构图

通常，三角形构图有两种形式：正三角构图与倒三角构图。

无论是正三角构图还是倒三角构图，均有两种解释：一种是利用画面中景物的三角形形状来进行命名的，是主体形态的一种自我展现；另外一种是画面中多个主体按照三角形的形状分布，构成一个三角形的样式。

无论是单个主体形态呈三角形还是多个主体组合成三角形，正三角构图都给人一种安定、均衡、稳固的心理感受，并且多个主体组合成的正三角构图还能够传达出一定的故事情节，表达主体之间的情感或其他关系；而倒三角构图给人的感受恰恰相反，表达的是一种不安定、不均衡、不稳固的心理感受。

自然界中，大部分的山体都是近似呈三角形的

小贴士

仰拍高大的建筑物，往往也是三角形构图。

下面两个画面，呈现出倒三角形的结构，给人眩晕、不安定的感觉。这种倒三角构图的画面给人的视觉冲击力非常强。

在仰拍角度下，天空边缘呈倒三角形

在山谷中仰拍，同样可以轻易获得倒
三角构图的画面

6. S 形构图

S形构图是指画面主体类似S形状的构图方式。S形构图强调的是线条的力量，这种构图方式可以给观者以优美、活力、延伸感和空间感等视觉体验。一般观者的视线会随着 S 形线条的延伸而移动，逐渐延伸到画面边缘。由此可见，S 形构图多见于广角镜头的运用中，广角镜头拍摄视角较大，空间比较开阔，并且景物透视性能良好。

风光类题材是 S 形构图使用较多的题材，海岸线、山中曲折小路等多用 S 形构图表现。在人像类题材中，如果人物主体摆出 S 形造型，则会给人一种时尚、美艳或动感的视觉体验。

蜿蜒的 S 形城市道路，引导观者的视线到画面深处

7. V 形构图和 W 形构图

V 形构图与 W 形构图相似，经常被用于表现山体或平面设计中的一些图案。从摄影的角度来看，表现连绵起伏的山脊时，两侧的山体线条向中间交会，若山谷中没有山峰等其他景物，那画面构图便是 V 形构图；若山谷中有一座完整的山峰，那构图形式便为 W 形构图。无论是 V 形构图还是 W 形构图，都比较符

合我们的视觉习惯，令人感觉画面自然、
好看。

实际上，V 形构图也是倒三角构图的一种。画面
中，山体以及山谷呈 V 形，像一个倒三角形

8. C 形构图

　　C 形构图是指画面中主要的线条或景物，沿着英文字母 C 的形状进行分布的
构图形式。C 形线条相对来说是比较简洁流畅的，有利于在构图时让画面干净好
看。C 形构图非常适用于海岸线、湖泊的拍摄。

沿着岸边分布的建筑，
构成了很明显的 C 形，
画面给人非常自然的感觉

115

9. L 形构图

　　L 形构图是一种比较奇特，但又符合美学规律的构图形式。这种构图的画面，往往视觉冲击力很强。有时候视觉中心被放在 L 形转折处的区域，画面整体显得匀称；有时候被摄主体自身呈 L 形，那么要表现的便是被摄主体自身的形态特点了。

这个画面中，地面景物与树枝形成了一个 L 形的结构，主体位于下方的线条附近，整体呈 L 形，看起来会比较有新意

116

5.6　用光基础

影调

影调是指画面的明暗层次。明暗层次的变化，是由景物的受光以及景物自身的明暗与色彩变化所带来的。如果说构图是影响画面成败的基础，那影调则是影响画面是否具有美感的重要因素。

根据影调亮暗和反差的不同，画面可分为亮调、暗调和中间调。根据光线强度及反差的不同，画面可分为硬调、软调和中间调。

画面需要有丰富的明暗影调层次才会好看。画面层次不够，会给人单调乏味的感觉

有明显光线的场景，有利于营造画面丰富的影调，增加画面表现力

直射光与散射光

直射光是一种照射明显的光线，也称为硬光。当光线照射到被摄主体上时，被摄主体产生受光面和阴影两部分，且这两部分的明暗反差明显。直射光有利于表现景物的立体感、勾画景物轮廓、体积等，并且能够使视频画面产生明显的影调层次。

直射光示意图

在直射光的照射下，被摄主体出现了阴影，画面的明暗层次丰富，立体感强

接近于顺光拍摄时，画面中可能会缺乏明暗对比。但对于本画面来说，由于机位较高，附近的山峰在顺光下投影到了远处的山体上，产生了明显的阴影，由此丰富了画面的影调

散射光是指没有明显直射的光线，是一种软光。散射光类似于反光板反射的柔和光线，景物的受光面和背光面可以柔和地衔接，没有明显的投影对比。散射光较柔和，可减弱被摄主体粗糙不平的质感。在自然光条件下，单一的直射场景较少见，大都是直射光和散射光混合的光照环境。

需要注意的是，散射光并不是完全没有方向的。有时能够看到光源的位置，在景物上也可看出受光面和背光面。

这个画面虽然是散射光环境，但可以明显感受到光线的方向。在保留足够丰富细节的前提下，可以适当强化光线，让画面的影调层次变得更丰富

这个画面中，影调与色彩的变化主要来源于景物自身，与光线的照射没有太大关系。由于山体本身比较暗，与漂亮的云雾、天空搭配，产生了丰富的影调层次变化

顺光与逆光

顺光是摄影师背向光源，被摄主体面向光源的情况。在顺光条件下，被摄主体受光均匀，色彩还原真实、饱和，因此可以清晰准确地表现出颜色和形状。

顺光拍摄时，由于机位和光线方向一样，拍摄主体是受光均匀的，不会出现很明显的光影变化，导致画面会缺少影调层次与立体感。在拍摄视频时应避开顺光的角度，避免拍摄出缺乏影调层次的画面。应特别注意的是，在拍摄建筑类、风景类的画面时，要避免顺光拍摄。

顺光示意图

顺光拍摄的画面

逆光就是摄影师面向光源，被摄主体背向光源的情况。逆光拍摄难度较大，对摄影师的能力要求较高。逆光拍摄一般用于营造朦胧氛围，突出被摄主体轮廓等。

逆光拍摄时需要注意，如果镜头中出现太阳，那么光源周边容易出现高光溢出的问题，易产生过曝的情况。但如果控制得当，画面的感染力会比较强。

在实际拍摄中，侧光、侧逆光与逆光拍摄都是使用频率较高的方式。

逆光示意图

逆光拍摄的画面

侧光与侧逆光

侧光是指光源从被摄主体的侧面照射的光线。在侧光条件下，被摄主体形成明显的受光面、背光面和投影，画面明暗反差鲜明，层次丰富，多用于表现被摄主体的立体感。

侧光是较为理想的拍摄光线，拍摄时，画面不易产生明显的亮部过曝或是暗部过暗的问题。

侧光示意图

侧光拍摄的画面

　　从拍摄主体侧后方照射过来的光线叫作侧逆光。侧逆光多用于拍摄人物面部，使画面具有很强空间感，让人物生动活泼。

侧逆光拍摄的画面

顶光与底光

顶光是从被摄主体上方照射的光线。在室外拍摄中，人物或物体在顶光下拍摄，容易产生一种反常奇特的形态，所以避免在室外顶光情况下拍摄。顶光可用于室内人造光源的情况下拍摄，可以更好地突出被摄主体的轮廓和形态，并使被摄主体和周边环境形成区分，营造一种对比感。

顶光拍摄的画面

底光拍摄的画面（仅供参考）

底光在自然环境中很难遇到，基本都是由人造光源实现的。底光在博物馆、展览馆等场景多见，一般在拍摄文物、佛像等特定物体时使用。

巧用对比

在前面的介绍里提到过，散射光环境下拍摄的画面往往会缺乏光影对比，画面层次会显得单调乏味。如果在这种条件下进行拍摄，可以利用自身色彩对比强烈的被摄主体进行表现，以确保拍摄的画面有更强的表现力。

这个画面中，白色的溪流与周边深色的岩石形成了明暗的对比，而红叶与黄叶也形成一种色彩
的反差，所以即便是散射光下拍摄，画面的影调层次与色彩也都是比较理想的

运用剪影效果

剪影就是突出被摄主体，表现物体外形和轮廓的拍摄方式。剪影的拍摄对象可以是人、物或某个场景，被摄主体往往只表现出轮廓，没有纹理、色彩等细节。摄影师运用逆光拍摄时，可使用明亮背景衬托较暗的被摄主体来拍摄剪影。

使用剪影手法时，被摄主体需要有背景的配合，效果取决于被摄主体的轮廓。比如远处的雪山与近处的人像，被摄主体人像没有亮度与色彩特征，背景雪山却具有这两种重要元素，此时即可运用剪影手法拍出作品。

实际拍摄剪影效果的具体操作如下。

（1）选定合适的光影。一般是逆光拍摄，多选择具有明显光源的天空，并对天空中的亮点测光，这样在曝光时手机会压低曝光值拍摄，只表现其轮廓。拍摄时间需要提前规划，避免错过合适光源时间段。

（2）选定合适的拍摄背景。寻找干净的背景，干净的天空做背景较为理想。背景中的景物线条不要过多过杂，否则背景中的部分景物也形成剪影，与被摄主体重叠，整个画面的美感被破坏。

（3）选定合适的取景角度和距离。被摄主体与相机以及与背景的距离都需要经过设计，可以自行选用适合整体画面意境的构图方法进行拍摄。

这个画面以剪影的形式表现出了人物的轮廓

这个画面以半剪影的方式呈现优美的湖面风光，隐去了画面中一些杂乱的细节，使画面变得比较干净

5.7　色彩的魅力

本节讲解色彩的属性，以及色彩的应用方法。

色彩语言

红色是三原色之一，属于暖色调，代表着喜庆、热烈、奔放。许多元素都会用到红色，比如春联、灯笼等，红色会给人以温暖的感觉。在早晚两个时段拍摄时，画面整体风格也会偏红、橙等色彩，显得热烈、奔放、生动，具有吸引力。

红色

　　橙色，是介于红色和黄色之间的颜色，又称橘黄色或橘色，属于暖色调。橙色是欢快、活泼、热情的色彩，经常会让人联想到金色的秋天，也代表着收获、富足、快乐、幸福。

　　橙色的视觉穿透力仅次于红色，属于醒目的颜色。一天中，早晚的环境色是橙色、红色与黄色的混合色，通常能够传递出温暖、活力的感觉。具有代表性的橙色物品有橙子、橙汁等。

橙色

　　黄色，是较为中性的颜色，属于暖色调。黄色的色彩明度非常高，给人轻快、辉煌、收获的感觉。因为黄色亮度较高，所以经常会使人感觉到不稳定、不准确或是容易发生偏差。在摄影中，花卉是黄色比较集中的题材，迎春花、郁金香、菊花、油菜花等都是非常典型的黄色花，这些花给人一种轻松、明快、高贵的感觉。秋季的黄色则是收获的象征，果实的黄色、麦田与稻田的黄色，都会给人一种富足与幸福的感觉。

黄色

　　绿色，是三原色之一，是自然界中非常常见的颜色，它既不是暖色，也不是冷色，属于偏中性化的色彩。绿色通常象征着生机、朝气、生命力、希望、和平等。饱和度较高的绿色非常美丽、优雅，它给人生机勃勃的感觉，象征着生命。

绿色

青色，是一种过渡色，介于绿色和蓝色之间，属于冷色调。这种色彩的亮度很高，拍摄蓝色天空时，稍稍过曝就会呈现出青色。青色象征着坚强、希望、古朴和庄重，传统的器物和服饰常常采用青色。

青色

蓝色，是三原色之一，是一种非常大气、平静、稳重、理智的色彩，属于冷色调。蓝色的景物有许多，比如天空、海水、湖泊等。蓝色是色彩中最冷的色调，不带有任何情绪色彩。在商业设计中，强调科技和智能化的企业都选用蓝色作为标志色彩。许多国家警察的制服是蓝色的，警察和救护车的灯一般是蓝色的，因此蓝色有着勇气、冷静、理智、永不言弃的含义。

蓝色

　　紫色，是人眼从可见光谱中所能看到的频率最高的光的颜色，属于冷色调，通常象征着高贵、美丽、浪漫、神秘、孤独、忧郁。自然界中的紫色多见于一些花、早晚的天空等。

紫色

　　白色，是非常典型的一种混合色，明度最高，无色相，三原色叠加后呈现白色，自然界的 7 种光谱经过叠加也变为无色或白色。白色代表纯洁，也能表达不同的情感，如平等、平和、纯净、明亮、朴素、平淡、寒冷、冷酷等。

　　在摄影学中，白色多与其他色调搭配使用，例如黑白搭配能够给人以非常强烈的视觉冲击。拍摄白色的对象时，要特别注意整体画面的曝光，因为白色部分区域很容易因曝光过度而失去表面的纹理。

白色

冷暖对比画面

色彩之间具有冷暖对比的特点，色彩的冷暖按以下方法区分：红、橙、黄等色彩为暖色调，青、蓝、紫等为冷色调。从色轮图中可以看到，冷暖的划分是很明显的。

色彩讲究冷暖搭配，大面积的冷色调搭配小面积色彩浓郁的暖色调，可突出被摄主体的暖度。大面积的暖色调搭配小面积的冷色调，会突出冷色的特点。

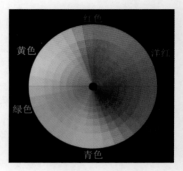

色彩冷暖对比示意图

日出和雪山同框，地面大片的景物属于冷色调，与天空的暖色调形成了冷暖对比，意境优美

相邻配色的画面

人们为了认识和掌控色彩，将可见光的光谱用一个圆环来表示，即色轮。

在色轮中，两两相邻的颜色，如红色与黄色、黄色与绿色、绿色与青色等，称为相邻色。相邻色的特点是颜色相差不大，区分不明显，摄影时取相邻色搭配，会给观者以和谐、平稳的感觉。

一般情况下，很少见到纯色场景，所以摄影中的取景要考虑色彩搭配的问题。

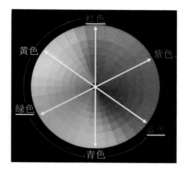

相邻配色示意图

这个画面中，黄色、橙色与红色的晚霞交织在一起，整体看起来非常协调。相邻色的搭配有非常多的形式，常见的相邻色搭配还有黄色与绿色、青色与蓝色、蓝色与紫色等

133

对比配色的画面

在色轮中，任意一条对角线两端的颜色互为互补色。例如，黄色与蓝色、红色与青色、绿色与紫色等为互补色。以互补色搭配的画面，会给人以强烈的对比效果，画面的视觉冲击力很强。例如，蓝色与黄色搭配的画面会有很强的视觉效果。

地景的黄色与天空的蓝色是互补色，这两种色彩搭配会产生强烈的色彩对比

人物手中粉色和黄色
的鸡尾酒杯，让画面
的视觉效果有跳跃
性，冲击力较强

黑白画面

在一些场景中，画面的色彩多且杂乱，会给人不好的观感，且景物自身的内容、故事情节、画面结构、线条、图案等表现力较强，如果色彩对画面主题的表现没有太大作用，可将画面转为黑白，以有效避免色彩干扰，强调画面主题。

另一种情况是画面的色彩感特别弱，不能很好地突出画面主题时，可将画面转为黑白。

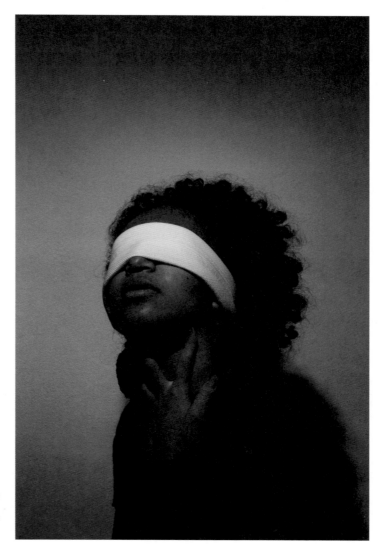

黑白镜头中，强烈的光影对比让画面的光影效果更加强烈

第6章 短视频分镜头设计、故事画板、场景、服装与道具

本章主要讲解短视频的创作思路和拍摄技巧，包括分镜头设计、故事画板、场景选择，以及服装、人物造型、道具的选择等。

6.1 分镜头设计

正确理解分镜头

分镜头是指电影、动画、电视剧、广告等各种视频或偏视频的影像，在实际拍摄之前，以故事画板的方式来说明连续画面的构成，将连续画面以运镜为单位进行分解，并且标注运镜方式、时间长度、对白、特效等。借助故事画板把镜头分清楚，分得越细腻，拍摄效率就越高。

从短视频的角度来说，分镜头是创作者（可能是视频拍摄兼剪辑）构思的具体体现。在视频拍摄之前，可以将短视频内容分为一个个镜头，写出或画出分镜头剧本。

镜号	景别	人物	场景	时间	拍摄方式	备注
1						
2						
3						
4						
5						
6						

故事短片的分镜头格式

风景宣传片　分镜头脚本

地点：×××旅游景区

影片时长：2 分钟　工作人数：× 人

分镜头编号	画面内容	拍摄方法	镜头时长	景别	音乐	备注
01						
02						
03						
04						
05						
06						

风景宣传片的分镜头脚本

每个镜头的精心设计和段落之间的衔接，可表现出创作者对视频内容的整体布局、叙述方法、细节的处理及表现技法。

校台宣传片　分镜头脚本

编导：张 × ×　　　　　　　　　　　　　总时长：4~5 分钟

镜号	画面内容	景别	摄法	时间	机位	音乐	音效	备注
地点：教学楼前								
1	从教学楼前用草拼出的校标中缓缓升起了校园电视台的台标，台标被光圈笼罩着	中景	镜头随台标的上升而上升，上到一半，镜头停止向上摇	3s	正前方	歌曲宏伟		背景没有人走动
2	台标先停在半空中，然后从轻轻抖动到大幅度抖动，台标上的光圈慢慢脱落，最终破茧而出	中景	固定镜头，台标破茧而出的时候从镜头的左上方飞出镜	2s	前斜侧面		玻璃破碎的声音	
3	以教学楼为背景，台标由近到远向教学楼飞	空镜头	固定镜头 台标从镜头的右下方入镜，小仰拍	1s	台标的后方	歌曲宏伟		有学生
地点：教学楼								
4	陆陆续续有同学进入教学楼准备上课，台标从大门飞向教学楼 A 栋与 B 栋之间的空地	空镜头	镜头先对着教学楼大门，小仰拍，等台标进入教学楼后跟随台标移动镜头	1s	侧面			
5	台标在 A 栋到 B 栋之间的空地上向上飞舞	空镜头	固定镜头仰拍	2s	台标下方，教学楼一楼			
6	台标从一楼向四楼上升，每一层都有学生走动，快到四楼的时候看到了有一名记者和摄像师正在采访一名同学，摄像机一直升到略高过他们的头顶才停止	空镜头	镜头向上升，小仰拍，升到 3 楼到 4 楼的过程中，镜头慢慢向外移，略高过他们的头顶（由小仰拍变成俯拍）	2s	镜头与走廊成 45° 角	轻快、有节奏感		主观镜头
7	记者和摄像师一直进行采访，台标从左至右围绕着他们转两圈	空镜头	平拍，跟台标转的方向相反地移动一圈	2s	镜头从右向左移动			
8	台标绕完以后飞向教学楼顶楼的天空，记者和摄像师仍然在工作	空镜头	固定镜头，台标由近到远飞走了	1s	记者和摄像师的右后方			

校台宣传片的分镜头脚本

创作者要将自己的全部创作意图、艺术构思和独特的风格融入分镜头脚本中。

设计分镜头

（1）首先要想好视频的起始、高潮与结束各阶段，从头到尾按顺序分下来，列出总的镜头数。然后考虑哪些地方精细，哪些地方可简单一些，总体节奏把握得如何，结构的安排是否合理，是否要进行必要的调整。

（2）根据拍摄场景和内容定好次序后，按顺序列出每个镜头的镜号。

（3）确定每个镜头的景别。景别对视频效果有很重要的影响，并能改变视频的节奏、景物的空间关系和人们认识事物的规律。

（4）规定每个镜头的运镜方式和镜头间的转换方式。

（5）估计镜头的长度。镜头的长度取决于阐述内容和观者领会镜头内容所需要的时间，同时还受情绪的延续、转换或停顿（以秒为单位进行估算）的影响。

（6）完成大部分视频的构思，搭成基本框架；然后再分较次要的内容并考虑转场的方法。这个过程中，可能需要补一些镜头片段，最终让整个脚本完整。最后形成一个完整的分镜头脚本。

（7）要充分考虑字幕、声音的作用，以及这两者与画面的对应关系，设计BGM、独白、文字信息等。

6.2　故事画板

分镜头与故事画板的区别

可能很多初学者会误认为分镜头与故事画板是一回事，实际上两者确有相似之处，并且在一些特定场合中也会混用，但两者实际上是存在一定区别的。

比如，要拍一段由多个镜头组成的短视频，那么比较合理的一种操作方式是：有一个脚本，创作者根据脚本先进行分镜头脚本的创作；然后由美术指导或平面设计人员根据分镜头脚本，用画稿或真实照片的形式，创作一套与成片的镜头、景别、角度、节奏一致的，形象化、视觉化的绘本，这个绘本便是故事画板。在每个画格的画框底下都会有与画面对应的视听语言的说明和描述，以及语言和旁白的文字。

故事画板的画面要求是勾勒出本镜头的大量元素，包括形象造型、场景造型、景别、影调、色彩，以及运动镜头的起幅画面和落幅画面。

认识故事画板

故事画板起源于动画行业，后延伸到电影、微电影行业，用于安排剧情中的重要镜头，相当于一个可视化的剧本，而非简单的分镜头脚本。

对于一部电影或微电影来说，故事画板是必不可少的。导演在拍摄一组镜头前，一般都会预先画出分镜头，以速写为主。导演在故事画板上把分镜头以速写画的形式表现出来，这就是人们常说的分镜头分析。

对于短视频来说，如果拍摄之前有故事画板，那么最终展示的效果会好很多，主要是画面之间有内在的相互关系和衔接，会更流畅、自然。故事画板展示了各个镜头之间的关系，以及它们是如何串联起来的，有助于给观众一个完整的体验。

故事画板的格式

专业的故事画板，这往往需要专业美工人员才能制作出来

139

业余人士制作的故事画板，重点在于将分镜头、画面大致效果提前构思出来

| 场景 02 | 2/3 | 场景 02 | 3/3 |

地点：

对话：n/a

动作：n/a

日期：

地点：

对话：n/a

动作：n/a

页码　3

业余人士制作的相对完整的故事画板

短视频故事画板

可能很多短视频创作者对故事画板不太了解，因为他们没有系统的视频创作知识和经验。但要说明的是，要制作系列短视频，要在抖音、好看视频等平台进行系统的创作并获得盈利，创作者需要学习和制作故事画板。

这与任何一个项目在启动之前都要有策划案是一个道理，要想项目运行顺利并完美收工，必须要有富有创意、亮点，并具有高度可行性的策划案。

对于短视频创作者来说，其需要考虑场景的结构、道具，主体人物的服装、语言，镜头的数量、运镜方式和组接。

拍摄前期，短视频的故事画板越详细，后续的创作过程也会越顺利，并且不会出现大的疏漏。

6.3　拍摄场景选择

本节结合实际案例，对短视频拍摄中的场景的选择进行了详细的分析讲解。场景是视频画面中场地类型和环境背景的简称，它对叙事环境、故事剧情的发展及人物的塑造方面具有重要的作用，是一个不可或缺的元素。大到电影、电视剧，小到微电影、短视频，都要求选择合适的场景。

主题与场景适配

选择短视频场景时，要注意场景与短视频主题的契合度，根据要表现的主题选择合适的场景。

例如，网络授课类的短视频一般会选择在室内较为安静的场景进行拍摄，并搭配有对应的字幕进行内容引导。如果这类题材的短视频在室外空旷的环境中进行拍摄，则环境和主题毫不搭边。而情感类短视频则不局限于在室内拍摄，在室外也能取得不错的效果。

在拍摄旅游宣传、美食探店类的短视频时，则需要在对应主题的场景中，选择较为安静的地方进行拍摄，也要选择空旷、简洁的背景，避免出现人来人往、环境声音过于嘈杂的问题。

随着短视频的迅速发展，人们对短视频内容和场景的需求变得更加多样化和专业化。短视频从最初简单粗略的制作逐渐演变为一门艺术。

为了顺应短视频创作的发展趋势，场景的选择变得越来越重要。合适的场景能够对短视频主题起到很好的烘托作用，能够让观众在观看短视频时更加投入。

古装类短视频场景　　　　　网络授课类短视频场景　　　　　书法类短视频场景

寻找优质场景

短视频的场景选择不理想，容易导致视频内容与镜头画风有违和感。主观上来说，创作者可能没有意识到场景对画面品质和主题所产生的巨大影响；客观来讲，部分场景需要投入成本或产生费用，比如选择旅游景点、"网红"店铺、民宿酒店、豪华游艇等场景拍摄，或多或少都会产生一定的费用。在此种情况下，就需要寻找低成本、高品质的场景。

1. 资源置换

在许多影视作品中，演员经常出入一些店铺、餐厅、咖啡馆等场景，这便是

142

使用的资源置换方法，这种方式在专业电影拍摄中比较多见。这种方法既可降低场景成本投入，还能将故事情节融入环境氛围中。

　　例如，要拍摄一个浪漫的约会场景，就可以寻找西餐厅、电影院、游乐场等有浪漫氛围的场景。如果选择的场景是西餐厅，那么将整个餐厅租下来的费用会非常高，而且没其他用餐者作为背景衬托，视频画面就会显得比较空洞。此时你可以和餐厅老板联系，表明拍摄意图和需求，同时提出可以给场地做广告宣传、流量引入、餐品植入介绍等方式，争取到老板的同意。将各自的优势进行互换，达到共赢，这就是资源置换方法。

　　短视频的拍摄要求没有电影或电视剧那么高，分镜头在几分钟或几十分钟的时间即可完成拍摄。场地要求也较低，并不需要将整个餐厅环境纳入镜头画面中，而只需要对某一个角落取景即可。

咖啡馆场景

餐厅场景

2. 公共场景

公共场景涵盖的面较广，既有广场、公园、夜市等室外公共场景，也有商场、地铁站等室内公共场景。公共场景的特点是无须额外支付费用即可使用，可根据视频实际需要选择场景。在拍摄时需要注意不影响其他人的正常生活，在街头采访或是邀请路人入镜时应先征得其同意。

欧洲古城街头　　　　　　　商场门口　　　　　　　国外街头

3. 租赁场景

部分短视频在拍摄时会遇到以上两种方式均不适用的情况，如广告类、测评类、变装类短视频。此时可考虑寻找价格较低的影棚进行拍摄。

对于初学者来说，即使现在没有拍摄需求，也要提前积累相关资源，在遇到紧急情况时做到临危不乱，提高拍摄效率。部分影棚还兼顾车辆租赁、服装道具租赁、摄影器材租赁等业务，几乎可以满足拍摄短视频的所有需求。

在影棚内拍摄商品短视频 1　　　在影棚内拍摄商品短视频 2　　　在影棚内拍摄商品短视频 3

影视城内景（门票或资源置换）　　　故宫（门票费用）　　　足球场（包场费用）

6.4 服装和道具的选择

服装与造型的选择

服装与造型的选择和场景的选择同样重要，都能对视频内容的表达产生较大的影响。如何选择合适的服装与造型，是短视频创作者必须掌握的内容。下面根据几个热门短视频类别的实际案例，具体分析服装和造型应该如何选择。

在短视频中，人物的服装要求往往没有影视作品那么高，个人的衣服穿搭就可以满足基本的拍摄要求。比如在拍都市题材的短视频中，取景可以只选择人物的上身，这样对服装搭配的要求就会更低，只需要搭配好合适的上身着装即可。

例如，拍摄商务类视频时，选择衬衣、西装、Polo衫等服装就是合适的，短袖、T恤、背心等衣服则不合适（搞笑类刻意突出反差效果除外）。如果需要定制衣服，比如凸显某个动漫形象或搞怪题材，则可以根据场景和剧情需要定制服装。如果网上此类题材的短视频较少，且内容新颖有趣，那么这类短视频可能爆火。

商务类造型

古装造型

反差造型

道具的选择

道具往往来自生活，根据道具的属性不同，道具可分为实用性、装饰性、消耗性等类别。道具是短视频拍摄不可缺少的一部分，对故事情节起着推动的作用。镜头中可以通过道具来反映故事发生的背景、年代、环境、人物状态等。

手机等装饰性道具　　　　　计算机等装饰性道具　　　杯子和硬币等功能性道具

在短视频拍摄中，尽量选择真实的物品作为道具。根据用途，道具可分为陈设道具、气氛道具、戏用道具等。其中，陈设道具用来增加场景中的画面内容；气氛道具用来烘托画面气氛；戏用道具是会与演员表演发生直接关系的。购买道具时，尽量选择免费或便宜的、使用频率高的，这样可以节约长期拍摄成本。

第 **7** 章 一般镜头、运动镜头与镜头组接

镜头是视频创作领域非常重要的一个元素，视频的主题、情感、画面形式等都需要有好的镜头作为基础。因此，如何表现一般镜头、运动镜头等是非常重要的知识与技巧。

7.1 短视频镜头的拍摄技巧

固定镜头

固定镜头，就是摄影机机位、镜头光轴和焦距都固定不变，画面所选定的框架保持不变的镜头，而被摄主体可以是静态的也可以是动态的。在固定镜头中，人物和物体可以任意移动、入画出画，同一画面的光影也可以发生变化。

固定镜头画面稳定，符合人们日常的观感体验，可用于交代事件发生的地点和环境，也可以突出主体。

固定镜头 1：画面 1

固定镜头 1：画面 2

固定镜头 2：画面 1

固定镜头 2：画面 2

长镜头与短镜头

视频剪辑领域的长镜头与短镜头并不是指镜头焦距长短，也不是指摄影器材与主体的距离远近，而是指单一镜头的持续时间。一般来说，单一镜头持续超过 10 秒，可以称为长镜头，不足 10 秒则可以称为短镜头。

1. 长镜头

长镜头更具真实性，使画面在时间、空间、气氛等方面都具有连续性，排除了作假、使用替身的可能性。

在短视频中，长镜头更能体现创作者的水准。长镜头在一些大型庆典、舞台节目、自然风貌场景中运用较多。越是重要的场面，越要使用长镜头进行表现。

（1）固定长镜头。

拍摄机位固定不动，持续拍摄一个场面的长镜头，称为固定长镜头。

固定长镜头：画面 1

固定长镜头：画面 2

固定长镜头：画面 3

（2）景深长镜头。

用拍摄大景深的参数拍摄，使所拍场景的远景（从前景到后景）都非常清晰，并持续拍摄的长镜头称为景深长镜头。

例如，拍摄人物从远处走近，或是由近走远，用景深长镜头，可以让远景、全景、中景、近景、特写等都非常清晰。一个景深长镜头实际上相当于一组远景、全景、中景、近景、特写镜头所表现的内容。

景深长镜头：画面1

景深长镜头：画面2

景深长镜头：画面3

（3）运动长镜头。

用推、拉、摇、移、跟等运动镜头呈现的长镜头，称为运动长镜头。一个运动长镜头可以呈现出不同景别、不同角度的画面。

运动长镜头：画面1

运动长镜头：画面2

运动长镜头：画面3

2. 短镜头

短镜头的时间没有具体的界定范围，一般两三帧画面也可被称为短镜头。短镜头的主要作用是突出画面瞬间的特性，具有很强的表现力。短镜头多用于场景快速切换和一些特定的转场剪辑中，通过快速的镜头切换表现视频内容。例如下面这段视频的中间，飘雪花这个镜头只有 4 秒，就是比较典型的短镜头应用。

短镜头：画面 1

短镜头：画面 2

空镜头（景物镜头）

空镜头又称"景物镜头"，是指不出现人物（主要指与剧情有关的人物）的镜头，与叙事（描写人物或事件情节等）镜头相对。空镜头有写景与写物之分，前者统称风景镜头，往往用全景或远景表现；后者又称"细节描写"，一般采用近景或特写。

空镜头常用以介绍环境背景、交代时间与空间信息、酝酿情绪氛围、过渡转场。

拍摄一般的短视频，空镜头大多用来衔接人物镜头，实现特定的转场效果或是交代环境等信息。要注意的是，用于衔接虚实镜头的空镜头并不限定只有一个。

叙事镜头 1

空镜头 1

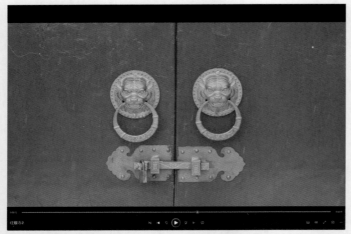

空镜头 2

叙事镜头 2

7.2 运动镜头

　　运动镜头，实际上是指运动摄像，就是用推、拉、摇、移、跟等方式所拍摄的镜头。运动镜头可通过移动手机（摄像机）的机位来拍摄，也可通过变化镜头的焦距来拍摄。运动镜头与固定镜头相比，具有观众视点不断变化的特点。

　　运动镜头，能使画面产生多变的景别、角度，形成多变的画面结构和视觉效果，更具艺术性。运动镜头会产生丰富多彩的画面效果，可使观众有身临其境的感受。

一般来说，长视频中运动镜头不宜过多，但短视频中运动镜头应适当多一些，画面效果会更好。

推镜头：营造不同的氛围与节奏

推镜头是摄像机向被摄主体方向推进，或变动镜头焦距使画面由远而近向被摄主体不断推进的拍摄方法。推镜头有以下画面特征。

随着镜头的不断推进，由较大景别向较小景别变化，这种变化是一个连续的递进过程，最后固定在主体上。

推进速度的快慢，要与画面的气氛、节奏相协调。推进速度缓慢，可营造抒情、安静、平和等气氛；推进速度快，则可营造紧张不安、愤慨等氛围。

下图中，镜头的中心位置是一座城堡，将镜头不断向前推进，使城堡在画面中的占比逐渐放大，使景别由大到小变化。

推镜头：画面 1

推镜头：画面 2

推镜头：画面3

拉镜头：让观者恍然大悟

拉镜头正好与推镜头相反，是摄像机逐渐远离被摄主体的拍摄方法。当然也可通过变动焦距，使画面与被摄主体逐渐拉开距离。

拉镜头可真实地向观者交代主体所处的环境及与环境的关系。在镜头拉开前，环境是未知的，镜头拉开后，会给观众"原来如此"的感觉。拉镜头常用于侦探、喜剧类题材的拍摄中。

拉镜头常用于故事的结尾，随着主体渐渐远去、缩小，其周围空间不断扩大，给人以"结束"的感受，赋予抒情的氛围。

拉镜头，特别要注意提前观察环境，并预判镜头落幅的视角，避免最终视觉效果不够理想。

拉镜头：画面1

拉镜头：画面 2

拉镜头：画面 3

摇镜头：替代观者视线

摇镜头是指机位固定不动，通过改变镜头朝向来呈现场景中的不同对象的拍摄方法，就如同某个人进屋后眼神扫过屋内的其他人员。实际上，摇镜头在一定程度上代表了拍摄者的视线。

摇镜头多用于在狭窄或是超开阔的环境内快速呈现周边环境。比如，人物进入房间内，眼睛扫过屋内的布局、家具陈列或其他人物；又如，在拍摄群山、草原、沙漠、海洋等宽广的景物时，通过摇镜头快速呈现所有景物。

使用摇镜头时，要注意拍摄过程的稳定性，否则画面的晃动会破坏镜头原有的效果。

摇镜头：画面 1

摇镜头：画面 2

摇镜头：画面 3

移镜头：符合人眼视觉习惯的镜头

移镜头是指沿着一定的路线运动来完成拍摄的拍摄方法。比如，汽车在行驶过程中，车内的拍摄者手持手机向外拍摄，随着车的移动，视角在不断改变。

移镜头是一种符合人眼视觉习惯的拍摄方法，让被摄主体能在画面中得到展示，还可以使静止的对象运动起来。

由于需要在运动中拍摄，所以机位的稳定性是非常重要的。在影视作品的拍摄中，经常见到使用滑轨来辅助完成移镜头的拍摄，就是为了保障稳定性。

使用移镜头时，建议适当多取一些前景，因为靠近机位的前景运动速度会显得更快，这样可以强调镜头的动感。还可以让被摄主体与机位进行反向移动，从而强调速度感。

移镜头：画面 1

移镜头：画面 2

移镜头：画面 3

跟镜头：增强现场感

跟镜头是指机位跟随被摄主体运动，且与被摄主体保持一定距离的拍摄方法。跟镜头的画面效果为主体不变，景物不断变化，仿佛观者跟在被摄主体后面，从而增强画面的现场感。

跟镜头具有很好的纪实意义，对人物、事件、场面的跟随记录会让画面显得非常真实，在纪录类题材的视频或短视频中较为常见。

1. 案例1

镜头在人物身后跟随。

跟镜头1：画面1

跟镜头1：画面2

跟镜头1：画面3

2. 案例 2

拍摄者作为人物的同伴，在人物身侧进行跟随，营造出移动的对话场景。

跟镜头 2：画面 1

跟镜头 2：画面 2

跟镜头 2：画面 3

升降镜头：营造戏剧性效果

相机或其他拍摄设备在面对被摄主体时，进行上下方向的运动所拍摄的画面，称为升降镜头。这种镜头可以以多个视点表现主体或场景。

升降镜头在速度和节奏方面的合理运用，可以让画面呈现出戏剧性效果，或是强调主体的某些特质，比如强调主体特别高大等。

升镜头：画面1

升镜头：画面2

升镜头：画面3

降镜头：画面 1

降镜头：画面 2

降镜头：画面 3

7.3 组合运镜

所谓组合运镜，是指在实际拍摄中，将多种不同的运镜方式组合起来使用，呈现在一个镜头中，最终实现某些特殊的或非常连贯的画面。一般来说，比较常见的组合运镜有跟镜头接升镜头、推镜头接转镜头接拉镜头、跟镜头接转镜头接推镜头等。当然，只要展开想象，还有更多的组合运镜方式。

下面，我们将用两个例子介绍组合运镜的实现方式与呈现的画面效果。

跟镜头接摇镜头

首先来看跟镜头接摇镜头。在跟镜头的同时，缓慢地将镜头视角摇动至人物的视角，可以以主观镜头的方式呈现出人眼所看到的效果，给观者一种与画面中人物相同视角的心理暗示，增强画面的临场感。

来看具体的画面，开始是跟镜头，在跟镜头之后，镜头摇动至视角与人物视角重叠，将人物所看到的画面与观者所看到的画面重合起来，增强现场感。

跟镜头：画面 1

跟镜头：画面 2

摇镜头：画面 1

摇镜头：画面 2

推镜头、转镜头接拉镜头

再来看第二种组合运镜，这种组合运镜在航拍中往往被称为甩尾运镜。确定被摄主体之后，由远及近推镜头到足够近的位置，之后进行转镜头操作，将镜头转一个角度之后迅速拉远，这样一推一转一拉，形成一个甩尾的动作。这个组合运镜拍摄的画面具有动感。

这里要注意，在中间位置转镜头的转动速率要均匀，不要忽快忽慢；并且与被摄主体的距离也不要忽远忽近，否则画面就会显得不够流畅。

推镜头：画面 1

推镜头：画面 2

转镜头：画面 1

转镜头：画面 2

拉镜头：画面 1

拉镜头：画面 2

7.4　常见镜头组接方式

通常来说，短视频不止一个镜头，其是由多个镜头组接起来的。多个镜头组接时，要注意一些特定的规律，这样才能让剪辑而成的短视频更自然、流畅，整体性更强，如同一篇行云流水的文章。

两个及以上的镜头组接，景别的变化幅度不宜过大，否则容易出现跳跃感，让组接后的视频画面显得不够平滑、流畅。简单来说，如果从远景直接过渡到特写，那么跳跃性就非常强；当然，跳跃性强的景别组接也是存在的，即后续将要介绍的两极镜头。

前进式组接

这种组接方式是指景别由远景、全景，向近景、特写过渡，景别变化幅度适中，不会给人跳跃的感觉。

前进式组接：全景

前进式组接：中景

前进式组接：近景

后退式组接

这种组接方式与前进式组接正好相反，是指景别由特写、近景逐渐向全景、远景过渡，最终视频呈现出由细节到场景全貌的变化。

后退式组接：特写

后退式组接：中景

后退式组接：全景

两极镜头

　　所谓两极镜头，是指镜头组接时由远景接特写，或是由特写接远景，跳跃性非常强，让观者有较大的视觉落差，形成视觉冲击。两极镜头一般在视频开头和结尾时使用，也可用于段落开头和结尾，不宜用作叙事镜头，容易造成叙事不连贯。

两极镜头：远景

两极镜头：特写

　　除上述几种组接方式之外，在进行不同景别的组接时，还应该注意：同机位、同景别、同一主体的镜头最好不要组接在一起，因为这样剪辑出来的视频画面中的景物变化幅度非常小，画面看起来过于相似，有堆砌镜头的感觉，没有逻辑性，给观者的感觉自然不会太好。

固定镜头组接

　　固定镜头，是指摄影机机位、镜头光轴和焦距都固定不变，而被摄主体既可以是静态的，也可以是动态的镜头。固定镜头的核心就是画面框架不动，画面中人物可以任意移动、入画出画，同一画面的光影也可以发生变化。

固定镜头 1：画面

固定镜头 2：画面

固定镜头有利于表现静态环境。实际拍摄中，常用远景、全景等大景别固定画面交代事件发生的地点和环境。

视频剪辑中，固定镜头尽量与运动镜头搭配使用，如果使用了太多的固定镜头，容易造成零碎感，而运动画面可以比较完整、真实地记录和再现生活原貌。

并不是说固定镜头之间就不能组接，一些特定的场景中，固定镜头的组接也是比较常见的。

比如，表现某些特定风光场景时，不同固定镜头呈现的可能是场景不同的天气，如流云、星空、明月、风雪，那进行固定镜头的组接就会非常有意思。但要注意的是，这种同一个场景不同气象、时间等的固定镜头组接，不同镜头的时间长短要尽量相近，否则组接后的画面就会产生混乱感。

下面这 4 个画面，显示的是在厨房的同一个场景，虽然视角比较相近，但却是 4 个不同的固定镜头画面，显示了不同的时间在做不同的事。

固定镜头 1：画面

固定镜头 2：画面

固定镜头 3：画面

固定镜头 4：画面

7.5　镜头组接的技巧

动接动：运动镜头之间的组接

运动镜头之间的组接，要根据所拍摄主体、运动镜头的类型来判断是否要保留起幅与落幅。

举一个简单的例子，在拍摄婚礼等庆典场面的视频时，不同主体人物的动作镜头进行组接时，要剪掉镜头组接处的起幅与落幅；而拍摄表演性质的场景时，对不同表演者要进行一定的强调，所以即便是不同主体人物，也要保留镜头组接处的起幅与落幅。如果要追求紧凑、快节奏的视频效果，可以剪掉镜头组接处的起幅与落幅。

　　运动镜头之间的组接，要根据视频想要呈现的效果来进行判断，这是比较难掌握的。

运动镜头 1：画面

运动镜头 2：画面 1

运动镜头 2：画面 2

定接动：固定镜头和运动镜头组接

大多数情况下，固定镜头与运动镜头组接，需要在组接处保留起幅或落幅。如果固定镜头在前，那么运动镜头起始要有起幅；如果运动镜头在前，那么组接处要有落幅，避免组接后画面跳跃性太强，令人感到不适。

上述介绍的是一般规律，但在实际应用中，可以不必严格遵守这种规律，只要不是大量固定镜头堆积，中间穿插一些运动镜头，视频整体效果就会显得流畅。

固定镜头：画面 1

固定镜头：画面 2

运动镜头：画面1

运动镜头：画面2

轴线与越轴

所谓轴线，是指主体运动的线路，或是对话人物之间的连线。轴线组接的概念及使用都很简单，但又非常重要，一旦违背轴线组接规律，视频就会出现画面不连贯的问题，感觉非常跳跃，不够自然。

看电视剧时，如果观察够仔细，就会发现，尽管有多个机位，但总是在对话人物的一侧进行拍摄，即都是在人物的左侧或右侧。如果同一个场景，有的机位在人物左侧，有的机位在右侧，那么这两个机位镜头就不能组接在一起，否则就称为"越轴"或是"跳轴"。

　　所以，一般情况下，主体在进出画面时，应总是从轴线同一侧拍摄。

　　看下面的案例，这是两个镜头借助遮挡物进行无缝转场的画面。无论是第一个镜头还是第二个镜头，拍摄机位都在人物的左侧，也就是在轴线的一侧，这样两个镜头组接起来，给人的感觉会很自然。

运动镜头 1：画面 1

运动镜头 1：画面 2

遮挡物：画面 1

遮挡物：画面 2

运动镜头 2：画面 1

运动镜头 2：画面 2

第 8 章

短视频平台、类别与未来趋势

本章主要介绍短视频平台、类别，最后通过数据分析对短视频的发展趋势做简单预测。

8.1 时下热门的短视频平台

时下热门的各种短视频 App 受到人们的喜爱，如抖音、快手、火山小视频等。人们在乘坐地铁、公交或者无聊的时候，多数都会拿出手机点开此类 App，观看各种类型的短视频。这类视频内容轻松、幽默、搞笑，能够消磨人们的碎片化时间，让紧张的状态得到放松，因此受到大多数用户的青睐。

抖音

抖音是由字节跳动孵化的一款创意短视频社交软件，该软件于 2016 年 9 月 20 日上线，于 2017 年走入大众的视野，是一个面向全年龄段的短视频平台。用户可以上传自己的短视频作品，记录平凡生活点滴，也可以观看热门的视频，了解各种奇闻趣事，还可以通过完成任务赚取流量等。

抖音的定位为短视频播放软件，但其延展功能还涵盖了社交和互动内容，以及近年来火热的带货直播。用户可以打造个人 IP 形象，定位自己的账号专属风格，通过流量推送积累人气和粉丝，并可以在视频中留言互动。抖音也迎合用户，将平台打造成互动交友、趣事分享、在线购物的多功能综合平台。

抖音   抖音推荐界面   抖音个人作品展示

例如，点击"商城"选项，即可在抖音搭建的购物平台里购物，点击视频中的购物链接，即可在观看视频的同时选购产品。用户可点击"关注"选项查看自己关注的账号动态，可根据关键字搜索感兴趣内容，也可在留言区和私信区交流视频心得和感受。抖音引入的视频分享机制，有助于用户将感兴趣的内容快速分享给好友一同观看。

快手

快手是北京快手科技有限公司旗下的产品。快手的前身是"GIF 快手"，诞生于 2011 年 3 月，最初是一款用来制作、分享 GIF 图片的手机应用。2012 年 11 月，快手从纯粹的工具应用转型为短视频社区，用户可以在这里记录和分享生活。

抖音和快手作为短视频领域的两大巨头，二者无论是在用户群体方面还是产品设计方面都有很大的差异。

在用户群体方面，快手的三、四线城市用户比例明显高于抖音，这些用户主要来自下沉市场人群，而抖音则没有这种针对性。虽然抖音和快手在内容推荐上都用到了先进的人工智能和机器学习能力，给用户推荐精准内容，但相比之下，快手在内容推荐的机制上给了用户更多的便利，增加了普通人的展示机会，给了普通创作者更多的流量，因此快手的产品定位更容易让普通人被看见。

在产品设计方面，抖音首页是全屏展示某一视频；快手首页则是陈列多个视频，想要全屏观看视频，需要进入"精选"页面才可以。

快手　　　　　　　快手"首页"页面　　　　　快手"精选"页面

小红书

小红书是年轻人的生活分享平台。平台用户主要发布分享生活以及推荐攻略的图文和短视频。用户可以在这里发现真实、向上、多元的世界，找到潮流的生活方式，认识有趣的明星、创作者；也可以在这里发现海量美妆穿搭教程、旅游攻略、健身方法等内容。

小红书会根据用户的使用偏好推荐相关的图文和短视频。作为界面和设计都迎合年轻人的平台，其优势就是内容推送更加精准，锁定目标人群进行二次深入开发和优化。

小红书　　　　　　　　小红书"首页"页面　　　　　　　　小红书"我"页面

哔哩哔哩

哔哩哔哩（bilibili）也就是大家常说的"B站"，早期是以动漫、动画、游戏为主的内容创作分享网站，后来渐渐发展成了围绕兴趣圈的多元化视频社区。

打开哔哩哔哩，首页会自动推荐很多用户可能会感兴趣的短视频。哔哩哔哩的显著特色是弹幕文化，用户在播放短视频的同时将自己的想法和有趣的话语输入弹幕框内，即可在视频播放的位置推送在屏幕上。

哔哩哔哩　　　　　哔哩哔哩"首页"页面　　　　　短视频弹幕

西瓜视频

西瓜视频由今日头条出品，主打个性化短视频推荐，目前已与央视新闻、澎湃新闻、BTV 新闻等多家知名媒体机构达成版权合作。西瓜视频是今日头条继移动资讯智能分发后再次引领短视频行业潮流的产品，也是广告主实现品牌年轻化、融入新生消费主力的营销平台。

西瓜视频的日活跃用户数超 1000 万人，用户数量达 1 亿人。与其他短视频平台相比，西瓜视频的用户和内容定位都有差别。它的用户与其他短视频 App 用户高度去重，为广告主带来了新鲜的群体；同时西瓜视频 18~30 岁的用户占比高达 80%，全面助力广告主实现品牌年轻化。新生代消费力量的崛起，使得西瓜视频全面锁定了多领域精彩内容，构建了全新的年轻化内容生态，打造出了更具价值的短视频营销空间。

西瓜视频

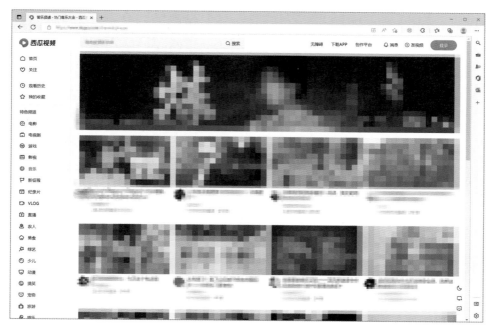

西瓜视频 PC 端站点首页

微信视频号

微信作为当代主流的社交平台，其主要功能为及时通信和信息交互。在各大短视频 App 不断更新升级中，微信也引入视频功能。从最早朋友圈的视频分享到后来视频号、直播等功能的接入，微信内视频观看的便捷度大大提升。

视频号的功能与其他短视频平台相似，可自己发布作品，也可观看他人的作品。其中较为创新的内容就是引入了朋友点赞的内容推送机制，可优先推送微信好友点赞或评论的视频内容，将社交和视频推荐进行融合。

| 微信视频号 | 微信中的视频号功能 | 视频号功能界面 |

8.2　短视频的类别

　　短视频的类别众多，按照话题可分为搞笑、美食、美妆、摄影、旅行、游戏、萌宠、汽车、运动、音乐、科技、健康等。表现形式涵盖了即兴表演、知识教学、生活纪实、二创剪辑等。

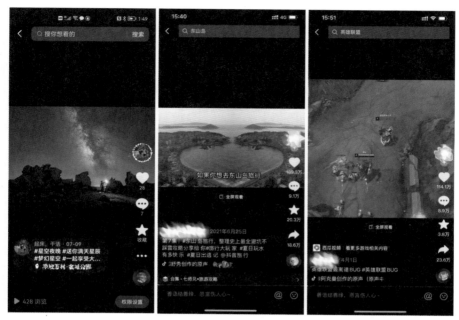

摄影类　　　　　　　　旅行类　　　　　　　　游戏类

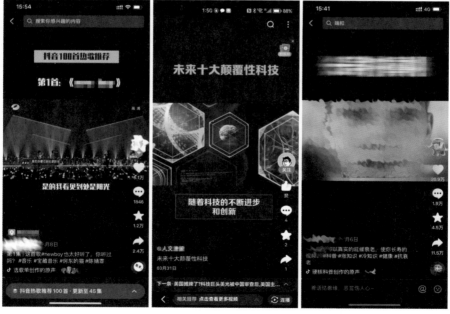

音乐类　　　　　　　　科技类　　　　　　　　健康类

8.3　短视频平台爆火原因

　　智能手机和社交软件迅速发展，已成为当今社会人们生产生活中必不可少的工具。新媒体时代带给人们的最大变化之一就是大量的完整时间被打碎。一方面，处于工作或学习状态中的人们很容易被突然响起的电话铃声或新消息提醒打断。另一方面，自控力不佳的人很难忍住长时间不看手机，这也逐渐成为人们的生活习惯。而且快节奏的工作和生活，使得人们的时间更为分散和碎片化。短视频的出现加速了时间碎片化进程，也让人们的娱乐重心逐渐迁移。长时间聚焦于一件事情上容易产生不耐烦的情绪，短视频利用了这一特点，不仅不会让用户产生反感的情绪，还会让用户对短视频软件产生依赖心理。

　　短视频 App 会根据用户的喜好推送视频。因此，用户看到的短视频都是自己"感兴趣"和"爱看"的。而且视频精心设计的背景音乐以及评论区的有趣互动，很容易让用户沉浸其中，无法自拔。

　　短视频的飞速发展，吸引了大量资本的投入。我国的短视频平台从诞生之初至今，投资额呈现出快速上升的趋势。资本的注入也带来了大量的工作岗位和机遇。

　　短视频平台会给用户提供各种拍摄短视频的基础技巧教学，用户通过短期的学习实践就可学会创作短视频的方法，这使得短视频创作门槛降低，越来越多的人涌入其中，源源不断地为短视频市场注入活力。制作好的短视频作品可以一键分享到各个社交平台，为自己的作品积累人气，提高热度。随着人气和流量的增加，其视频即可获得流量带来的报酬，附加了更多商业价值。

8.4　把握短视频红利期

　　互联网信息的传输可大致分为三个阶段：最早单一的信息文字到图片、表情包等元素的加入，再到音视频的加入。直接推动了短视频应用的快速发展。

　　当前是短视频爆发的阶段，把握当下的红利期就显得尤为重要。短视频行业正站在风口，只要认清趋势，顺势而为，成功的速度会加快很多。

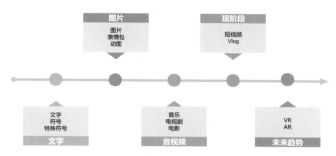

互联网内容发展的趋势和阶段

比如说我们可以查看一些 App 下载热榜，选择热度比较高的作为自己的创业平台。

排名		下载排行	与上月相比排名变化	排名		收入排行	与上月相比排名变化
1		TikTok（抖音短视频）	1 ▲	1		TikTok（抖音短视频）	-
2		微信	1 ▼	2		腾讯视频	-
3		拼多多	-	3		爱奇艺视频	-
4		快手	-	4		QQ音乐	-
5		腾讯视频	2 ▲	5		优酷	-
6		支付宝	-	6		QQ	-
7		淘宝	2 ▼	7		快手	1 ▲
8		QQ	-	8		网易云音乐	2 ▲
9		爱奇艺视频	1 ▲	9		芒果TV	2 ▼
10		百度	1 ▼	10		心悦俱乐部	1 ▼

热门 App 的下载排行与收入排行

把握红利期也就是把握机会。在红利期学习短视频知识，掌握短视频发展规律，可以在未来短视频进一步发展时立于时代浪尖之上，更加从容地选择发展道路。

8.5 短视频的未来

根据前文介绍的短视频行业发展历程，不难看出，短视频在经历了几年的快速发展之后，目前正处于一个由快变缓的过程中。在高峰期过去以后，行业慢慢进入沉淀期。

短视频发展的 4 个阶段

2020 年的短视频用户统计数据显示，我国短视频用户规模在 7.22 亿左右。而同年另一项调查数据显示，我国手机网民规模达 9.86 亿人。这就意味着 10 个手机网民里，就有约 7.2 人接触过短视频或一直在观看短视频。这种普及率非常高，巨大的短视频用户基数为后面的沉淀期打下了良好的基础。在增速放缓的这个时间段，用户的数量在一定程度上决定了平台能走多远、多久。

2016—2020 年中国短视频用户规模

增长率的下降并不影响市场规模的扩大，未来的短视频市场依然是一个巨大的财富宝藏，会有越来越多的从业者投身其中。

随着多元化社区的不断升级成熟，VR（虚拟现实）也慢慢走入人们的视野中。VR 是借助先进的科技手段实现影像立体化呈现的一种方式，由 VR 衍生出

许多新的视频播出方式，给人们更真实的体验感，也是短视频播放及开发的一个
新方向。

2016—2020 年中国短视频市场规模

第**9**章 短视频的策划与构思

本章以热门短视频平台上的高流量作品为例，分析短视频的题材、策划技巧、视频大纲、创作原理等。

9.1 热门短视频策划

短视频的制作是需要精心设计和策划的，没有经过策划的短视频就不会有高的播放量。就好比将一部长篇小说拍成一部电影，想要把精华在一两个小时内表达清楚，就要从众多故事情节中提炼出重点。制作短视频也是一样，想要有高的播放量，就要知道一个热门视频的核心是什么。只有受众广泛、容易传播的内容，才有可能成为热门视频。另外，要留住用户，还需要设计一个好的开头和好的结尾。

总之，影响视频作品质量的关键，一是选题，二是开头和结尾的设计，三是内容质量。

根据视频内容来选题

1. 常规型内容

常规型内容以大众生活中常见的内容题材为背景进行展现，有故事类、情感类、励志类、娱乐类、创意类等。创作者多采用讲述故事的方式，结合对应的题材进行短视频制作，比如提升成绩、创业心得、工作吐槽、家庭关系等故事。常规型内容是当下短视频占比较大的一类。常规型内容的拍摄门槛较低，对演员、场景的要求较低，题材可以引起用户的共鸣，所以这类视频的受众较广。

常规型内容

2. 热点型内容

热点型内容是指结合娱乐热点和新闻热点制作的短视频内容，例如突发事件、明星娱乐八卦、热点时事模仿、热点舆论分析等。热点型内容的特点是热度时间短，应抢在其他短视频创作者发布相似题材的内容前制作并上传，所以把握热点的热度时间是热点型内容短视频的关键。在制作此类短视频之前可以通过热搜榜等方式熟悉了解该类视频的制作思路，在出现热点新闻后快速制作并上传。

热点型内容

3. 产品型内容

产品型内容主要是针对日常生活中人们会使用到的电子产品和生活产品等，进行推荐、使用功能教学、使用测评等。短视频对产品进行推荐和功能教学，可以引导用户进行选购，例如推荐化妆品、数码产品、家具、食品等。此类视频需结合产品的特性整理出可以吸引用户的点。产品型内容具有用户黏性强的特点，用户接受内容后会长期反复观看，所以精准定位用户群体并针对性地进行策划显得尤为重要。

创作者在手机端可以通过微博 App 查看实时的热搜内容，更加细致地了解具体产品类别下的信息热度。

194

产品型内容

　　创作者在计算机端可通过百度热搜排行榜去了解目前用户关注的产品内容和类型，有针对性地设计短视频内容题材。

百度热搜排行榜

短视频的策划技巧

在学习短视频策划技巧的过程中，要善于分析、善于模仿、善于改正。首先要分析高流量的视频跟其他普通视频有什么区别，然后模仿高流量视频的思路梳理出剧情线，最后再对视频内容稍加修改，加入自己的创作思路和特色。

在上传视频后，要多多关注视频的热度，如果视频的热度忽高忽低，这时要进行分析，判断热度变低的原因。

（1）跟热度高的视频进行对比，查明自己的视频是否存在节奏不合理、扣题不够明确、无法戳中用户痛点或引起用户共鸣、标题设置不到位等问题。

（2）根据点赞数和评论区的互动内容加以判断，从用户对视频的评价反馈中，明确用户的喜好和关注点，思考是否能在做好视频的同时迎合这部分用户的喜好。不断地分析和修改视频方向，使短视频作品满足更多用户的需求。

（3）以当前的热搜题材作为参考，多模仿此类热门视频的策划方法。

9.2 短视频题材和数据的分析方法

本节针对短视频用户进行题材和数据两方面的分析，用数据做支撑，从而更好地梳理思路。

题材分析

对于高流量视频来说，策划是其中非常重要的一个环节。根据用户的喜好策划视频内容，可以给用户更好的体验感，留住更多的用户，提高流量。

用户易聚焦、喜欢的作品具有许多共同的特点，比如言简意赅的作品、产生情感共鸣的作品、具有互动和分享性的作品。

言简意赅的作品。视频的时长不要过长，用最少的时间突出视频的主题和核心要点，让用户感觉到视频有满满的干货。可以先从人们讨论的话题入手，进行视频的题材设计，例如催婚、工作、外卖等涉及大部分人日常生活的话题，以亲身感触的点去触动用户。

产生情感共鸣的作品。在故事中加入真实的情感，就会让用户对视频内容产生情感的共鸣，从而获得用户的好感和关注。一方面可以通过题材去渲染情感，比如拍摄感人题材的视频内容、拍摄爱国爱家园的正能量视频、拍摄互帮互助传递正能量的视频等，把握住可以产生情感共鸣的关键点。另一方面要注意人物的语言、表情、动作等细节，将这些细节代入故事中，就可以拍出高流量的情感共鸣作品。

具有互动和分享性的作品。互动和分享的重点是让用户赞同视频内容，在用户看到这条视频后能联想到其他事或其他人，这样才会促使用户进行互动，比如投票、话题讨论等。

数据分析

在选定视频创作的题材和领域后，要对此题材视频的潜在用户进行画像分析，可以借助"百度指数"工具来分析用户画像。

在百度指数中，找到要分析的领域，然后从中找到相关的用户画像。若想做萌宠类的视频内容，就可以以"萌宠"为关键词搜索相关用户信息。

1. 萌宠类数据分析

以下是百度指数中，以"萌宠"为关键词搜索到的相关用户信息。

百度指数——"萌宠"的搜索指数

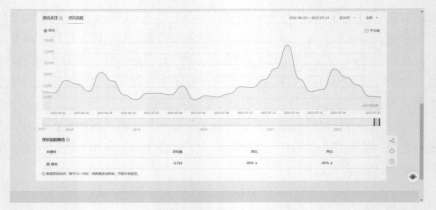

百度指数——“萌宠”的资讯指数

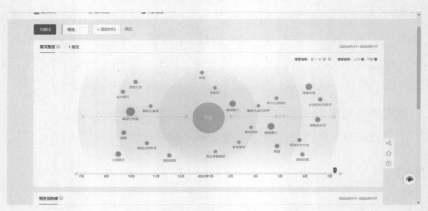

百度指数——“萌宠”的需求图谱

百度指数—搜索“萌宠”的人群地域分布

198

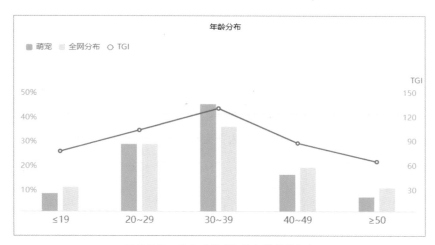

百度指数—搜索"萌宠"的人群年龄分布

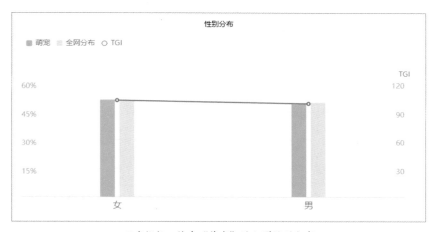

百度指数—搜索"萌宠"的人群性别分布

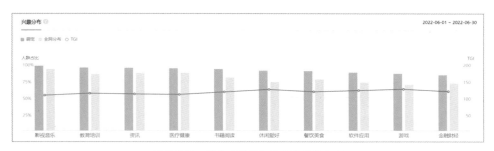

百度指数—搜索"萌宠"的人群兴趣分布

从用户画像中，可以看到搜索"萌宠"的用户的地域排名前三为广东、江苏、山东，男性比例与女性比例几乎持平，年龄为30~39岁居多。所以，视频内容可以稍微偏向年龄在30~39岁的人群，投放广告时，可以以广东、江苏、山东等为主。

2. 旅游类数据分析

以下是百度指数中，以"旅游"为关键词搜索到的相关用户信息。

百度指数——"旅游"的搜索指数

百度指数——"旅游"的资讯指数

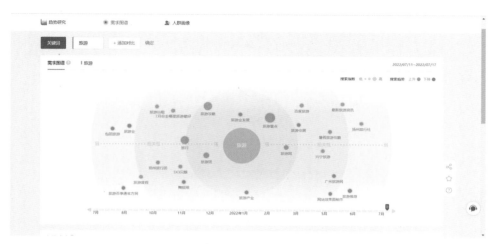

百度指数—"旅游"的需求图谱

百度指数—搜索"旅游"的人群地域分布

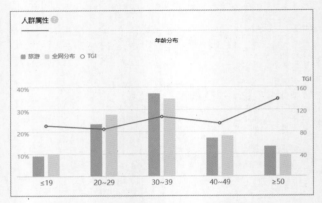

百度指数—搜索"旅游"的人群年龄分布

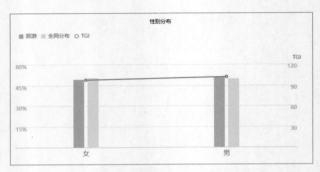

百度指数—搜索"旅游"的人群性别分布

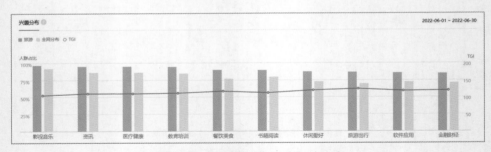

百度指数—搜索"旅游"的人群兴趣分布

　　从用户画像中，可以看到搜索"旅游"的用户的地域排名前三位是广东、江苏、浙江，男性比例与女性比例几乎持平，年龄为30~39岁居多。所以，视频内容可以稍微偏向年龄在30~39岁的人群，投放广告时，可以以广东、江苏、浙江等为主。

9.3　短视频大纲的规划

本节讲解短视频大纲的规划。大纲规划的方法：在拍摄前梳理一个可视化的列表，把相关的脚本、分镜、配音、字幕、时长等信息放在可视化列表中，根据列表准备拍摄。

可视化列表 + 脚本

可视化列表一般会包括以下内容：

- 篇章题目；
- 镜头如何使用：特写、大场景、运镜；
- 画面及内容：拍摄的背景和道具等；
- 角色及内容：角色的表演和台词等；
- 配音解说词；
- 字幕；
- 拍摄时间；
- 相关备注；
- 结尾。

下图是一个视频拍摄的可视化列表模板。

主题：《回家》 思路：通过场景布设、服饰穿搭、演员的肢体动作以及随身带的辅助道具等诠释主题；需演员 3 人、客厅背景 1 套（包含沙发、茶几、绿植、电视、电视柜等）、演员道具（包括手机、礼盒、茶杯等）。							
镜头序号	拍摄地点	景别	拍摄手法	镜头时长	内容简述	道具	配音

拍摄素材的准备

做好可视化列表之后，接下来就是拍摄素材的准备。依据可视化列表准备前期资料和道具，准备完成后即可开始拍摄。建议经验不足的创作者在具备脱稿筹备能力前严格按照可视化列表中的步骤来拍摄视频，这样做可以使视频拍摄更有规划性，在某个环节出现问题时有相应记录，以便更好地改进，避免重复劳动和浪费时间。

9.4 短视频的片头

对于短视频来说，前 5 秒的片头很重要，好的片头能一下子抓住用户的眼球。制作片头时要注意取好标题、做好封面，通过语言、背景、配乐或主题快速吸引用户的注意力，激发用户观看的欲望。在视频中间适当布置聚焦点，如果视频中每隔 10 秒或 20 秒就有一个聚焦点，用户会一直被视频内容所吸引。整体的视频节奏需要在前期拍摄时进行规划和整理，避免拍到一半发现节奏不对重拍。

以下图中的短视频为例，片头前 5 秒的总结迅速扣题，吸引关心这个话题的用户一探究竟。可以看到，视频整体的重心都放在了片头，先用感兴趣的话题吸引用户，并不断引导用户。即使后面的讲述节奏趋于缓慢，也不影响用户继续看完。

案例 1：直接以提问的方式让用户想到北京最负盛名的一些地标，或是用户印象最深的一些地方，之后通过优美的视频画面对这些画面进行展示，唤起用户的共鸣。

案例 2：同样，以提问的方式引起用户对猴面包树的关注，以极具吸引力的话术激发用户好奇心，后续展开内容。

热门短视频 1：片头 1　　　　热门短视频 1：片头 2　　　　热门短视频 1：片头 3

热门短视频 2：片头 1　　　　热门短视频 2：片头 2　　　　热门短视频 2：片头 3

9.5 短视频发布时间段

在黄金时间段发布短视频，会更具针对性，得到更有效的推送。通常来说，短视频的黄金发布时间包括以下三个时间段。

- 6：00—9：00：上班高峰期，是搭乘公共交通使用碎片化时间的一个高峰期。
- 12：00—14：00：午休时间，在排队取餐、吃饭或午休时看视频。
- 20：00—24：00：下班后有空闲时间，是看视频的黄金高峰期。

除了选择在以上黄金发布时间发布视频，还应该根据不同类型的短视频选择合理的发布时间。比如，6：00—9：00发布一些资讯、教育类的短视频，效果会更好；而到了晚间，则更适合发娱乐类短视频。

因此，建议如下。

- 6：00—9：00：发布资讯类、教育类短视频。
- 12：00—14：00：发布一些内容比较有深度短视频。
- 19：00—24：00：发布故事类和娱乐类短视频。

第**10**章 短视频变现的5种主流方式

本章主要讲解短视频的 5 种变现方式以及操作方法，帮助读者更加直观地了解短视频的商业模式，了解变现思维。

10.1 广告流量变现

广告流量变现是目前短视频变现的主要方式之一，其主要通过积攒平台的粉丝量和流量来变现。只要有播放量就有流量，一些主流平台可以根据短视频作品的播放量和创作者分享广告费。

广告投放的关键点

除了平台自带的流量以外，创作者可以在抖音、快手、小红书等平台留下联系方式，让有需求的广告运营商联系自己，等待他们主动找自己投放广告。但是，这种广告投放的方式需要创作者有一定的粉丝量，并且要有优质的短视频作品。

自主引流的关键点

自主引流就是把自己的业务放在淘宝、闲鱼、拼多多等平台上进行宣传推广。此方法和广告投放类似，需要创作者有一定的流量和粉丝量。

| 联系方式 1 | 联系方式 2 | 联系方式 3 |

签约公司

签约 MCN 公司也是当下短视频创作者常使用的方式。为了节约时间成本，广告商会直接找到优质的 MCN 公司合作，MCN 公司会联系旗下相关领域的短视频创作者做软广。当账号流量达到一定级别的时候，短视频创作者可以跟一些比较知名的公司和工会签约。注意不要和没有名气的工会和公司合作，因为风险较大。

参加活动

除了上述几种方式以外，创作者可以主动参加短视频平台上发布的活动，完成任务，积极关注短视频平台发布活动的动态信息。比如在抖音的星图，可以领取任务，任务完成后就会得到相应的佣金。

抖音上的星图链接　　　　星图宣传界面　　　　星图内的摄影师界面

10.2　渠道分销变现

通过渠道分销的方式也能够实现短视频的变现。目前常见的分销渠道分为线上渠道、线下渠道和电商小程序三种。

线上渠道变现

线上渠道变现是指在短视频平台上发布符合平台需求的广告类短视频，当广告播放量达到一定数量的时候，广告商就会付给博主广告费。短视频平台比较看重短视频的质量，并且会根据短视频质量和效果来决定是否和创作者有进一步的合作。

常见的线上分销渠道有抖音、西瓜视频、腾讯微视等。

抖音的橱窗链接

抖音商品橱窗界面

百度小视频的橱窗链接

百度小视频橱窗界面

线下渠道变现

线下渠道变现应当在积累了一定粉丝量的时候来操作。创作者可以在视频中定位自己所在的城市，并联系该城市有兴趣推广的商家，发布探店类短视频，帮助商家引流，把线上粉丝引流到线下商店，让粉丝到线下商店购买商品，从中获取引流费和销售提成。

电商小程序变现

创作者可以将高流量的短视频发布到电商小程序上进行推广；平台会通过后台查看视频带来了多少流量，然后按照平台的计算方法来结算佣金。每个平台的结算方式不一样，创作者可以将多个平台的结算方式进行对比，找到适合自己的那个平台进行重点投放和推广。当然，创作者也可以先从小程序的任务入手，接到适合自己的任务后按要求操作。

10.3　私域流量变现

私域流量变现是指，先借助短视频进行价值观和生活方式的传播，在受众受影响之后形成交易需求，并予以满足的一种盈利模式。这种变现方式与社群经济的盈利模式不同，更多基于受众对视频创作者个人的情感和信任，因此凝聚力相对社群会弱一些。

微信 /QQ 流量

将平台粉丝转换成自己的微信 /QQ 好友，然后在朋友圈或者群聊中发布商品信息，赚取一定的销售差额。前几年兴起的微商以及社区团购等方式，都是典型的私域流量变现。因为粉丝的黏性会比陌生客户强，且对创作者有一定的信任，所以创作者更容易完成变现。

| 1920 个微信好友 | 分类一 | 分类二 |

独立商城 / 小程序引流

当私域流量累积到一定程度时，可以做一个独立商城或小程序，把粉丝引流到自己的平台上，这也是通过私域流量变现的一种方式。小程序和独立商城的购物体验比微信群的购物体验更好，所以在粉丝累积到一定量级后，创作者可以向更专业的方向升级转型。

10.4　内容付费与打赏订阅变现

内容付费

"内容变现、知识付费"，这些词汇的热度有增无减。从短视频到知识型直播，越来越多的人和机构投入内容创作这一领域。在这种商业模式如此火爆的情况下，如何变现成为大家关心的首要问题。

在了解如何变现之前，首先要知道内容付费是什么。内容付费就是通过在前端做知识技术的分享、在后端做教程销售，来完成变现的一种商业模式。能够实现内容付费的短视频类型有：外语、健身、绘画、乐器、摄影、运营等。

创作者在制作短视频时，要涵盖一些大众感兴趣的知识点，并且要持续发布这类短视频，这样大家才会认可你的专业度，购买你的课程。当然，这也需要创作者有庞大的知识储备量，至少能够做到储备一个月的视频素材，或者囤积30~50 条可发布的视频内容。对创作者的视频感兴趣的用户通常会通过私信或是留言的方式询问如何购买课程，这时候创作者就可以梳理目标用户群体，并有针对性地和其进行沟通和交流，将课程销售出去。

这种商业模式非常常见。付费内容注重课程的质量，优质的课程内容以及口碑是十分关键的。其次是内容的营销。怎样展示内容？如何将用户画像和内容相关联从而更好地做好内容和内容营销？要实现内容付费，这些问题都是需要考虑的。

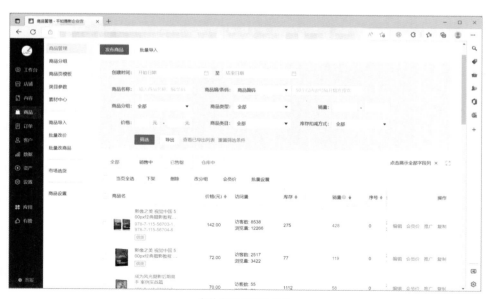

有赞商城的商品界面

腾讯课堂的免费课程界面

腾讯课堂的收费课程界面

打赏订阅变现

很多短视频平台开通了直播功能，比如快手直播、抖音直播等。创作者可通过短视频将粉丝引流到直播界面，如果粉丝足够喜欢你，有可能会在直播的过程中给你打赏。只要有粉丝送的礼物，就可以从中拿到佣金。目前随着短视频直播的不断完善，打赏的平均收入呈现逐年上升的趋势，许多人专职从事主播直播，靠打赏获得收入。

在一些短视频平台，只要创作者的直播订阅数量达到一定级别，平台就会发放相应的奖励。如果能经营好一个高订阅量的账号，也会获得丰厚的收入。

10.5　其他变现方式

本节是针对上述 4 种主流变现方式的补充，介绍几种创作者今后可能会涉及的变现方式。

售卖文创周边衍生品

在短视频作品创作中，可以把视频内容和周边衍生品联系起来，比如抱枕、公仔、杯子等，介绍这些物品怎么使用、有哪些功能、有哪些突出优点等，然后进行周边衍生品的开发和售卖。

有些人喜欢拍摄宠物类短视频，就可以做一些宠物周边衍生品在短视频中进行销售，例如猫猫公仔。有些"00 后"特别喜欢拍摄玩偶娃娃的视频，这些玩偶娃娃做工精良，形象逼真，且可以进行服装穿戴、发型变化等，其中有些玩偶娃娃价格较贵，那么销售玩偶娃娃及其衍生品是有商机可言的。

售卖版权

有些情节优秀的短视频剧本会被商家看中，商家直接买下该剧本的版权，然后进行二次创作，这就是版权的变现。这类变现方式比较适合微电影类型的账号。

还有一些有关家庭生活类题材的原创视频，其中情节立意深远，内容深入人心，商家会直接买断版权改编成其他影视素材。这也是创作者通过销售版权来赚取报酬的一种方式。

多账号运营

将现成的账号售卖给没有短视频平台运营经验的人或想马上拥有现成账号资源的人，也可实现变现。如果你启号比别人快、比别人专业，这个时候你就可以多启动几个不同领域的账号，然后把这些账号作为转售号卖给他人，或作为转租号租给他人，这也是一种变现的方式。创作者既可以自己运营账号去售卖，也可以做中介利用信息差赚取报酬。

运营培训创收

在当今短视频爆火的时间段，有许多人想进入这个行业学习深造。所以当有了短视频的拍摄和"涨粉"经验后，创作者可以创办一个短视频运营相关的培训班，教这些想学习的人如何做短视频，如何运营账号以及变现等。并且，创作者可以培养自己的博主，围绕博主进行团队搭建，复制自己取得成功的模式去运营。